華 章 圖 書

一本打开的书，一扇开启的门，
通向科学殿堂的阶梯，托起一流人才的基石。

MACHINE LEARNING IN ACTION

PRINCIPLES AND PRACTICE
BASED ON THE SOPHON PLATFORM

机器学习实战

基于 Sophon 平台的机器学习理论与实践

星环科技人工智能平台团队 编著

机械工业出版社
China Machine Press

图书在版编目（CIP）数据

机器学习实战：基于Sophon平台的机器学习理论与实践 / 星环科技人工智能平台团队编著 .
一北京：机械工业出版社，2020.1
（"工业和信息化领域急需紧缺人才（大数据和人工智能）培养工程"系列丛书）

ISBN 978-7-111-64265-7

I. 机… II. 星… III. 机器学习 IV. TP181

中国版本图书馆 CIP 数据核字（2019）第 272556 号

机器学习实战
基于 Sophon 平台的机器学习理论与实践

出版发行：机械工业出版社（北京市西城区百万庄大街 22 号　邮政编码：100037）

责任编辑：张志铭　　　　　　　　　　　　　　责任校对：殷　虹

印　　刷：三河市宏图印务有限公司　　　　　　版　　次：2020 年 1 月第 1 版第 1 次印刷

开　　本：186mm×240mm　1/16　　　　　　　印　　张：14

书　　号：ISBN 978-7-111-64265-7　　　　　　定　　价：79.00 元

客服电话：（010）88361066　88379833　68326294　　　投稿热线：（010）88379604

华章网站：www.hzbook.com　　　　　　　　　　读者信箱：hzit@hzbook.com

丛书前言

　　大数据和人工智能作为新一轮产业变革的核心力量，将全面释放科技革命和产业变革积蓄的能量，对于打造新动力具有重要意义。2019 年政府工作报告中也进一步提出"要深化大数据、人工智能等研发应用"，这进一步奠定了大数据和人工智能成为当前经济发展的新引擎的地位。很显然，推动大数据和人工智能的发展需要足够多的各类人才的支撑，人才的质量和数量决定着我国大数据和人工智能发展的水平和潜力。教育部自 2016 年起陆续增设"数据科学与大数据技术""大数据管理与应用"两个本科专业，以及"大数据技术与应用""商务数据分析与应用"两个专科高职专业，指导和鼓励国内各高校开设大数据专业，并于 2018 年印发《高等学校人工智能创新行动计划》，鼓励有条件的高校加强人工智能领域创新人才的培养。截至目前，已有数百所高校获批开设大数据和人工智能相关专业。我们认为，当前大部分大数据和人工智能的人才培养都应该紧贴行业和面向实际应用。从这个意义上说，主要依靠学校力量可能并不能完全满足多样化人才培养的需求。事实上，从大数据和人工智能整个生态来看，尤其在一些相对高端的应用领域，工业界往往走得较快，相应地，相当一部分教育机构则处在追赶的状态。其次，因为广受业界关注，大数据和人工智能相关领域的方法、技术和工具众多，同时也在快速演变，这无疑会让很多应用型初学者无所适从。从这个意义上说，有必要删繁就简，突出主干。最后，我们注意到，不管是大数据技术还是人工智能技术，在整个信息化的体系当中，都不能孤立存在。比如，当前很多大数据和人工智能厂商都逐渐开始将产品放到云端，逐渐推出一些云服务，我们称之为大数据的 3.0 时代。为了支撑逐渐云化的大数据或者人工智能，技术栈中最好也应该包含 DevOps 方法、Kubernetes 容器管理引擎等内容。鉴于此，我们规划了"工业和信息化领域急需紧缺人才（大数据和人工智能）培养工程"系列教材，按照三个层次来组织大数据和人工智能相关内容。

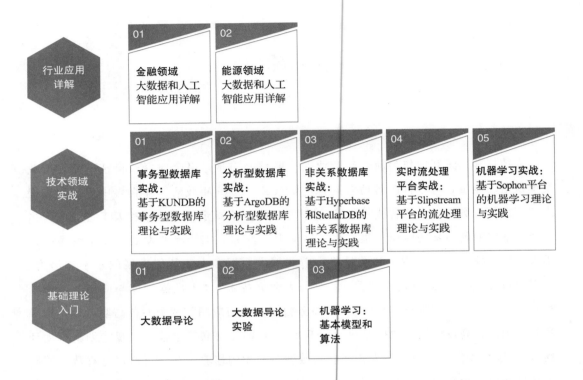

第一层次主要目标是打基础，因此，主要提供导论性质的基础课程，建设三本教材，即《大数据导论》和《大数据导论实验》以及对应机器学习的《机器学习：基本模型和算法》。

第二层次主要目标是从技术视角提供当前大数据和人工智能相关技术的深入介绍。建设五本教材，内容涉及事务型数据库、分析型数据库、非关系数据库、实时流处理以及机器学习等。

第三层次主要目标是从行业视角提供具体领域的大数据和人工智能应用案例详解，目前规划建设两本教材，分别是《能源领域大数据和人工智能应用详解》和《金融领域大数据和人工智能应用详解》。

本丛书的主要特点如下：

□ **面向工业界应用型人才培养的需求来规划教材内容**　不管是丛书顾问团队还是编写人员，我们都优先考虑以一线从业人员为主，试图尽最大可能还原大数据和人工智能应用场景中的各类实际问题，并以问题驱动的方式来组织教材的大部分内容。便于读者加深对于大数据和人工智能相关技术和方法及其在实际业务场景中的应用的理解。

□ **依托现有生态，删繁就简的同时围绕大数据和人工智能主题**　系统化组织教材内容。星环公司作为国内大数据和人工智能另一产品最丰富的供应商之一（2019 信通院大数据产品能力评测），在大数据和人工智能的技术应用、培训、竞赛组织、研究与开发等环境经验丰富，同时形成了闭环以及自有生态。首先，从实践中抽取和提炼问题以及解决问题的经验，形成教材的主要内容，同时也为培训和竞赛组织提供素材。其次，教材可以辅助培训和竞赛的开展，同时，培训和竞赛的组织也为完善教材提供必要的反馈。最后，实践中面临着大量实际问题，则为完善和增强产品提供了研究课题；反之，研究成果也会反哺产品线，更好地服务客户。因此，本系列教材在内容选择，尤其是技术路线选择中，依托了星环公司产品线作为技术主干，同时适当兼顾其他广受好评的一些开源工具和相关技术。

□ **按照大数据 3.0 的要求来规划内容**　我们认为，未来大数据和人工智能产品往云端逐步迁移是不可避免的趋势，因此，适当引入云计算、DevOps 以及容器技术等内容是非常有必要的。

本丛书面向多层次的读者，既可以作为高校大数据相关专业的教材，也可以作为一般社会培训教材。特别是，我们联合工信部中国信息通信研究院中国人工智能产业发展联盟、数据中心联盟共同建立大数据人才发展中心，进行大数据人才的培养认证工作，因此，本系列丛书也可以作为"工业和信息化领域急需紧缺人才培养工程"中大数据和人工智能方向的培训教材。

前　言

人工智能技术的快速发展，带来了技术平台和行业应用的繁荣，从 Caffe、CNTK、CoreML 到 TensorFlow、TensorRT，从 CPU、GPU 到 TPU、FPGA、ARM，从图形处理、视觉识别到自然语言处理，技术体系越来越复杂，开发门槛越来越高；大量的技术人员需要不断授受技术更新，更多的应用需要考虑额外的迁移成本，更多的市场需要投入大量的资源以充分体现人工智能赋予的价值。

目前产业界开始出现少量技术使用门槛低、应用开发方便的机器学习平台（Machine Learning Platform，MLP）或者数据科学平台（Data Science Platform，DSP），但这些平台大部分还局限在特定行业的有限算法应用，需要不断进行架构优化、模型扩展和算法增强，提供多种场景下的应用迁移工具，才能形成较为成熟的产品化平台。

星环科技作为国内大数据和人工智能平台的领航者，自 2013 年成立以来，专注于企业级容器云计算、大数据和机器学习核心平台的研发和服务，拥有一批来自国内外著名高科技企业和科研院校的优秀专业人才，是国内大数据领域最早掌握核心技术的企业，也是最早开展机器学习平台理论与实践的公司之一，产品在政府、金融、公安等行业得到大规模应用。

星环科技人工智能平台 Sophon 是从大数据到人工智能演进过程中诞生的一款创新性机器学习技术平台。用户可以基于该平台快速完成从特征工程、模型训练到模型上线的机器学习全生命周期开发工作。

Sophon 平台具有以下技术特点：

☐ 采用去中心化的全分布式架构、性能线性扩展，满足海量数据处理模式下的快速训练和精准推理要求。

☐ 一站式的机器学习集成开发平台，支持自动化开发、图形化操作及可视化建模，可快速构建行业应用解决方案。

☐ 支持多种复杂算法，支持自定义模型和算法导入，可适应多种特定应用场景的复杂建模和模型迁移要求。

☐ 集成大量面向行业领域的分析工具，如实体画像、视频分析、自然语言处理等，便于第三方应用快速定制开发。

☐ 支持深度学习的知识图谱，能够便捷实现含图结构的应用建模，支持实体间多关系图的分析展示和演进变化，发现更有价值的图谱关系。

随着使用机器学习平台的用户越来越多，应用场景日益广泛，非常需要一本关于机器学习理论总结和实践指导的专业图书，不仅可以讲解整体知识体系的理论基础，也可以作为使用星环人工智能平台（Sophon）工具的指导手册。

目前市面上销售的机器学习相关书籍，要么偏重原理介绍和公式推导，要么重点描述开源算法的实现调用，无法满足二者兼顾的要求。为此，我们结合理论分析和实践指导要求，编写了这本面向机器学习一线工程技术人员的专业书籍。它既能帮助读者深入理解相关算法原理，也有助于读者学会利用专业工具平台快速搭建模型，构建机器学习的行业应用。

本书内容覆盖了机器学习领域从理论到实践的多个课题，总共分为 10 章。

第 1 章为导论，介绍机器学习的背景、定义和任务类型，构建机器学习应用的步骤，以及开发机器学习工作流的方式。

第 2 章详细介绍数据预处理和特征工程，并辅以实例进行验证。

第 3～6 章介绍回归模型、分类模型、模型融合、聚类模型，这些内容是机器学习理论和实践中的传统重点。其中不仅介绍对各种常见数据类型的处理方法，还针对删失数据进行了专门的综述和实践。

第 7 章介绍机器学习领域较难的图计算，并从工业界视角解读如何将图计算落地。

第 8 章针对特征工程、建模过程中大量调参的场景介绍自动机器学习的理论和应用，并细致比较和测试了各种自动特征工程算法在不同数据上的表现。

第 9 章介绍自然语言处理（词向量、序列标注、关键词抽取、自动摘要和情感分析），使用新闻文本数据搭建文本分类的流程。

第 10 章介绍计算机视觉中图像分类和目标检测的应用以及落地案例（车辆检测）。

书中的第 1～2 章是基础内容，建议读者认真阅读，其他章节则可根据需要选择性地阅读。

全书由孙元浩和杨俊统一主持和整理，参与编写的作者还包括杨一帆、裴瑞光、林木丰、乐向楠、陆增翔、蒲瑜琪、李祥祥、曾宪宇、赵文谦、林晨、浦锦毅、安磊、许凯琪、孙乐飞和吴香莲。

本书从雏形到定稿，历时近一年，非常感谢参与本书编纂校对工作的算法工程师和架构师，没有他们无私的理论分享和实践指导，本书是难以高质量完成的。在此我们对所有编者表示衷心的感谢和敬意。

孙元浩

2019 年 7 月

CONTENTS

目　　录

第 1 章

机器学习导论

1.1 什么是机器学习

1.1.1 机器学习的背景

当提及机器学习时，我们的脑海里一般会浮现出这样一幅画面：

"一个拥有类似人类智能的机器人正在像人类一样尝试理解一件事情。"

这样的画面让人觉得是遥不可及的科幻世界。但实际上，机器学习与人类的生产生活已经密不可分了。早在 20 世纪 90 年代，一个非常成功的机器学习案例已经使数亿人受益：今天为人所熟知的垃圾信息过滤。该案例成功后，出现了诸多效仿者，并且在现代社会已经有十分广泛的应用。

商家在推荐系统与广告计算方面使用机器学习，前者会在海量的商品中恰如其分地选中你所喜欢的一款，让你欣然完成交易，而后者因其精确的广告点击率计算，为企业创造了显著的收益；在金融领域，机器学习参与了反欺诈、反洗钱风控等常人难以胜任的工作，其在时间序列预测方面也有自己的一席之地；智能问答机器人以及电话接线员已经大幅减少了企业用人成本；在制造业中，如何精益化生产、如何轻而易举地发现残次品等，皆有其用武之地。我们已深处于一个无时无刻不接触机器学习的时代。

1.1.2　机器学习的定义

如果从更精细的角度去描述机器学习，那么首先要给出机器学习历史上两个著名的定义。机器学习（machine learning）一般被定义为一个系统自我改进的过程。从字面意义上说，机器指计算机，学习是这个自我改进的过程。最初机器学习这个名字由 Arthur Samuel 提出，他给了机器学习一个非正式的定义。

> **定义 1.1：Arthur Samuel 的机器学习定义**
>
> 机器学习是一个这样的领域：计算机在程序员并不对其进行显式编程的情况下进行自我学习的能力。

具体来讲，机器学习是一门针对算法与统计模型的学科，主要是利用计算机系统高效地执行特殊任务，该任务没有显式的指令，而是依靠模型和推断等。机器学习算法会建立一个关于样本数据的数学模型，这些样本数据通常被称为"训练集"（training data）。这样做的目的是在执行任务时不去进行显式的预测或决策，这同时也表明了机器学习不是一个已确定好的规则和流程。机器学习算法可以被用于邮件过滤、网络入侵检测以及计算机视觉等。机器学习与利用计算机进行预测的计算数学比较接近。

上面的定义稍有一些佶屈聱牙，但大体上是说："机器是怎么判断的"这一点不是由人显式定义的，而是计算机自己获得的。这里有一个更加工程化的定义，即 Tom M. Mitchell 为机器学习领域研究的算法特征提出的一个广为引用且更加正式的定义。

> **定义 1.2：Tom M. Mitchell 的机器学习定义**
>
> 机器学习这门学科所关注的问题是：计算机程序如何随着经验积累自动提高性能；如果针对某类任务 T，一个计算机程序的用 P 衡量的性能可根据经验 E 来自我完善，那么我们称这个计算机程序在从经验 E 中学习，针对某类任务 T，它的性能可用 P 来衡量。

《统计学习基础》[16]一书中写道：许多领域都产生了大量的数据，统计学家的工作就是让所有这些数据变得有意义——提取重要的模式和趋势，理解"数据在说什么"。我们称之为从数据中学习。综上所述，机器学习模仿人类学习的过程，不能对机器置入显式的判断规则，而是由机器在某种任务场景（基于某种经验）和某种评判标准下不断提升自己表现的过程。

举个例子，当你使用电子邮箱时，你的垃圾邮件过滤系统可以预先从带有人为标记的垃圾邮件以及带有人为标记的正常邮件中学习到垃圾邮件到底会有怎样的特征表现。这些用以训练系统的数据集被称为训练集，其中每一个样本被称作训练样本。在这个案例中，任务 T 是对新来的邮件打上好或者不好的标签；经验 E 是上述训练集；而性能 P 需要被定义，例如你可以用预测的正确比例去定义模型表现的好坏，该指标被称作准确率（accuracy）且广泛应用于机器学习的分类任务中。

1.1.3　机器学习的任务类型

如上所述，机器学习要应对很多应用场景，并包含面对各种数据的经验，而机器学习系统也包含不同的类型，所以我们有必要在不同层面上对它们进行较为粗略的区分，这些"不同层面"可以是：

- □ 是否在人类的监督下进行学习；
- □ 是否增量学习或者在数据流上学习；
- □ 是否仅仅将新数据点与老数据点进行比较，抑或建立一个预测模型，类似于科学家通常所做的（基于数据或基于模型）。

这三个层面并不会互相排斥，相反，一个机器学习任务往往是这三种区分的组合。例如，一个先进的深度学习系统在一个实时数据流上学习如何区分垃圾邮件，这显然是一个基于模型的在线监督学习系统。

根据是否在人类的监督下进行学习这个问题，机器学习任务区分如下：

- □ 监督学习：监督学习算法依赖具有标签的训练数据来建立数学模型。例如，如果任务是鉴定图片是否包含某种实体，那么训练集的图片中就应该同时存在包含与不包含该实体的图片，同时，每张图片需标注是否包含该实体的标签。根据标签的数值特征（连续、离散），监督学习又可以分为分类问题与回归问题。

□ 半监督学习：在某些情况下，并不是所有的输入数据集都被有效标注了，即训练集中包含已标注的样本和未标注的样本。实际上未标注样本与已标注样本拥有同样的分布，在训练时若能利用这一点，则会很有帮助。

□ 无监督学习：无监督学习算法完全利用不带标签的训练数据去训练一个模型。无监督学习用于探索数据的分布，例如将点聚类等。无监督学习可用于发现数据的潜在模式，并将数据按组归类，还可用于特征学习和数据降维等。

□ 强化学习：在动态环境中以正或负强化的形式给出反馈，并用于自动驾驶车辆，或者学习与人类对手玩游戏等。

□ 主动学习：在预算访问有限等情况下，算法通过交互式的形式来询问用户和其他信息源，以更新和预测新的数据点所期望的输出。

□ 元学习：元学习是要"学会如何学习"，即利用以往的知识经验来指导新任务的学习。

相应地，根据是否在实时数据流上学习这个问题，机器学习任务区分如下：

□ 离线学习：在离线学习中，系统不能在增量的数据上进行学习，只能在更新的全部数据集上重新学习，这必然会增加更多的时间成本和计算资源。一旦模型完成学习便应立即部署到系统中运行，且不再继续学习。如果用户想对新来的数据进行学习，那么必须将新数据和旧数据组合，重新训练模型，停止旧系统并将其替换成新系统。

□ 在线学习：在线学习中，用户可以增量地训练模型，将数据一次一次地喂入模型，每一次独立的数据组被称作 mini-batch，每一次新的学习都快速而轻便。

在是否对比旧数据点上，机器学习任务区分如下：

- ❏ 基于样本的学习
- ❏ 基于模型的学习

1.1.4　构建机器学习应用的步骤

机器学习有很多任务场景，为了简要说明机器学习的大体应用方法与步骤，这里以较为常见的手写识别任务为例。

根据 Tom M. Mitchell 对机器学习的定义，手写识别任务的 T、P、E 分别为：

- ❏ 任务 T：训练出高准确率的手写识别模型；
- ❏ 性能 P：分类的准确率、召回率等；
- ❏ 训练经验 E：带标签的手写图片。

首先介绍一系列关键概念。

- ❏ 特征：特征是事物某些突出性质的表现，即区分事物的关键，当需要对事物进行分类或者识别时，我们会根据事物的特征去区分，并依次建立一个模型。对于单个事物而言，可能有多个特征存在。而对于一组事物，某个特征项会有不同取值分布。
- ❏ 标签：对于特征而言，标签表示这个事物是什么，例如通过某个人的言行举止、穿着打扮可以大体判定其具有某种性格或者某种社会地位。这种性格或者社会地位就是标签。机器学习的任务就是针对新输入的数据，根据其特征来确定其标签。
- ❏ 数据切分：根据本章定义，机器学习有训练的过程，在这个过程中应用了训练经验 E，而训练经验 E 则来源于原始数据。一般来说，原始数据分为三个部分，即训练集、验证集和测试集，其分配比例分别为 70％、20％ 和 10％。训练集用以训练模型，验证集用以调优模型参数，而在经过训练集和验证集的训练之后，开发者获得了一系列模型，此时测试集用以选择模型。在数据切分时，一定要注意抽样方法的选择，务必保证三个数据集的数据分布大体一致。

- **交叉验证与网格调参**：大多数时候，应考虑数据切分产生的数据分布不均的影响。在训练模型时往往用交叉验证的方式，同时会使用网格调参去寻找最优参数。交叉验证指将数据分为 K 份，进行 K 次训练，每次训练抽取其中的 $K-1$ 份数据作为训练集，其余一份作为验证集，训练时通常使用网格调参，于是便可以得到 K 个模型。在 K 个模型中，选择在验证集上表现最佳的一个模型即可。网格调参是指对于需要调整的参数，每个参数设置一组预设值。每组预设值根据不同的取值组合成繁多的取值组合。如同设置一个高维的网络，每个组合都是其中的一个交叉点，在每个组合数据上验证模型的性能，并获得最佳的组合。

- **模型评价**：简而言之就是评价模型的性能，如前所述，需要通过模型评价选择出最优秀的模型。对于分类和回归问题来说，存在不同的模型评价指标，将在后续章节进行详细介绍。

那么对于一个手写识别任务来说，机器学习的应用步骤如下所述：

- **数据预处理**：手写数据的图片就是其数据特征，0，…，9 的数字为其标签。首先需要将图片转换为数值特征，此步骤称为数据预处理。手写识别图片为灰度图且只有一个通道，那么每张图片就可以抽选特征成为一个数组，例如将图片转换为 180×180 维的由 [0，1] 组成的一组数据，然后再让模型去学习。

- **数据切分**：将数据按照 7/2/1 的比例切分成训练集、验证集和测试集。此处需要注意的是，为了不让数据的分布产生差别，三个数据集中的每一个都包含所有的标签类别，需要采用分层抽样技术。

- **选择模型（一组泛函）**：对于分类来说，有很多模型类型可以使用。每种模型代表一组泛函，学习的目的就是搜索泛函中性能优异的函数。针对分类问题，可用的函数族有很多，例如逻辑回归、决策树、支持向量机以及神经网络等。

- **选择目标函数**：根据所选模型的不同，应选择相应的目标函数以及优化方法。合适的目标函数与优化方法搜索出的模型参数可以使模型达到最优的性能。例如，对于逻辑回归，可用的目标函数为交叉熵；对于决策树，在分裂时目标函数为熵或者基尼系数；而对于 AdaBoost 模型，则选取对数损失函数。

- ❑ 根据目标函数选择相应的优化方法：最常用的优化方法是梯度下降法、牛顿法等。需要目标函数有较好的性质才能找到其最优解。
- ❑ 根据评价函数计算性能，并优化模型参数：通过选取合适的模型-目标函数-优化方法，模型在这个流程中学习到了参数。此时，模型已经可以执行预测工作。
- ❑ 了解模型性能：对于分类问题有很多模型评价指标，例如查准率、查全率、F1值、AUC 值、PR 曲线等。若计算得出的模型性能并非十分优秀，那么就要重新进行参数搜索。
- ❑ 最终获得模型。

这里提供了一张 Checklist（检查表）。

注记 1.1：Checklist

- ❑ 宏观审视问题，问题的转化（有监督、无监督或者分类回归）；
- ❑ 获取数据；
- ❑ 探索数据；
- ❑ 发现数据的潜在规律模式，为开始训练模型做好准备；
- ❑ 训练尽可能多的模型并列举出性能最好的几个；
- ❑ 调优模型并将模型融合；
- ❑ 预测并展示结果；
- ❑ 部署、监测并维护系统。

1.2　开发机器学习工作流的方式

1.2.1　数据导入

以上述手写识别为例，我们利用 mnist 数据集来建立工作流。如图 1-1 所示，首先点击 1 处导入数据，然后点击 2 处新建数据集，在弹出的页面中点击导入图像。

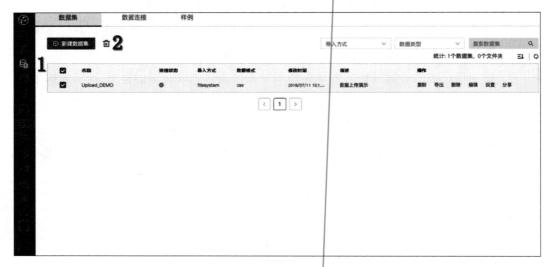

图 1-1   mnist 数据集：导入数据

之后会跳转到选择数据的页面，按照图 1-2 所示解释预处理数据并上传，然后设定文件夹名为 label。点击完成后，等待一定时间即可成功上传数据。

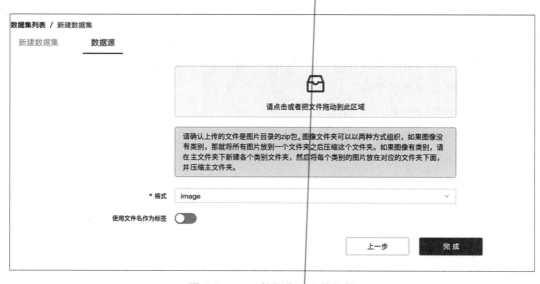

图 1-2   mnist 数据集：上传数据

重新回到图 1-1 界面，可以在图中央找到上传的数据，点击数据所在行即可预览。

如图 1-3 所示，数据特征有 name、imageBytes 两个属性，后者是由 Sophon 读出的可以预览的图片数据。label 属性是 string 类型的子文件夹名。

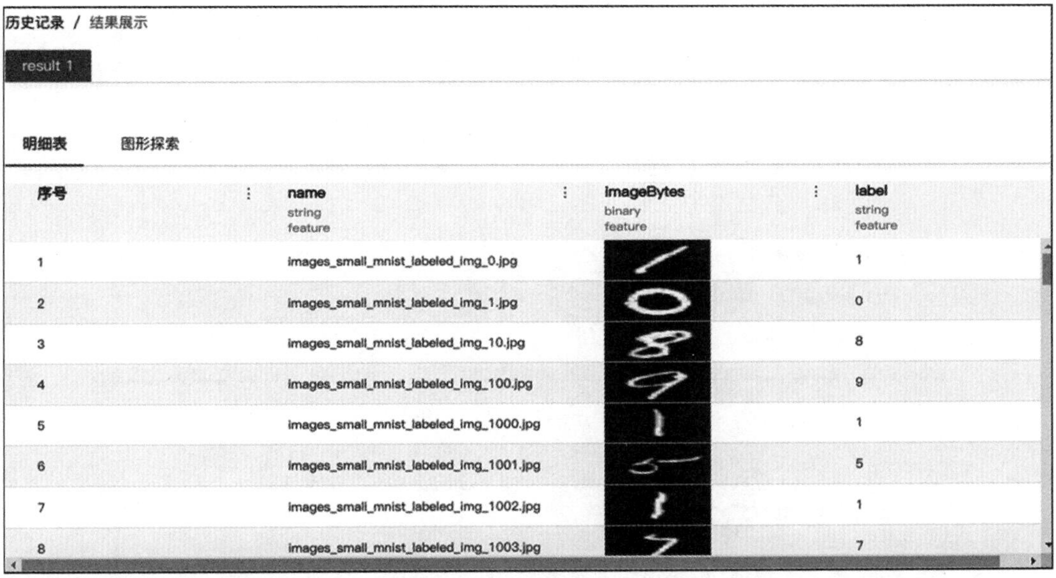

图 1-3 mnist 数据集：数据预览

1.2.2 流程搭建

参考 1.1.4 节建立模型训练与预测的流程（如图 1-4 所示）。其中 String Index 和 set role 属于数据预处理阶段，分别对 label 设置 index 和 label 角色。然后进行数据切分，将数据切分为训练集和验证集，比例为 8/2。接下来，利用人工神经网络进行深度学习训练。图 1-5 展示了深度学习各层的配置。

最终模型训练完毕，可以应用模型并在验证集上验证模型性能。图 1-6 给出了混淆矩阵和召回率。关于 Sophon 机器学习平台的详细介绍请参见附录 A。

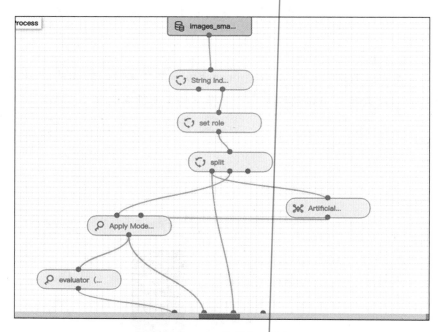

图 1-4   mnist 数据集：流程

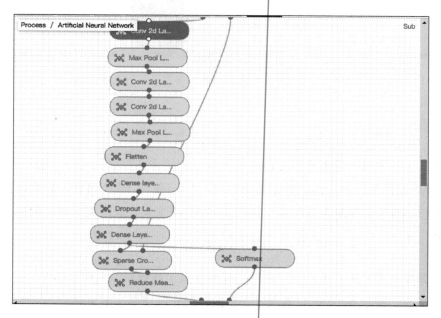

图 1-5   mnist 数据集：深度学习各层配置

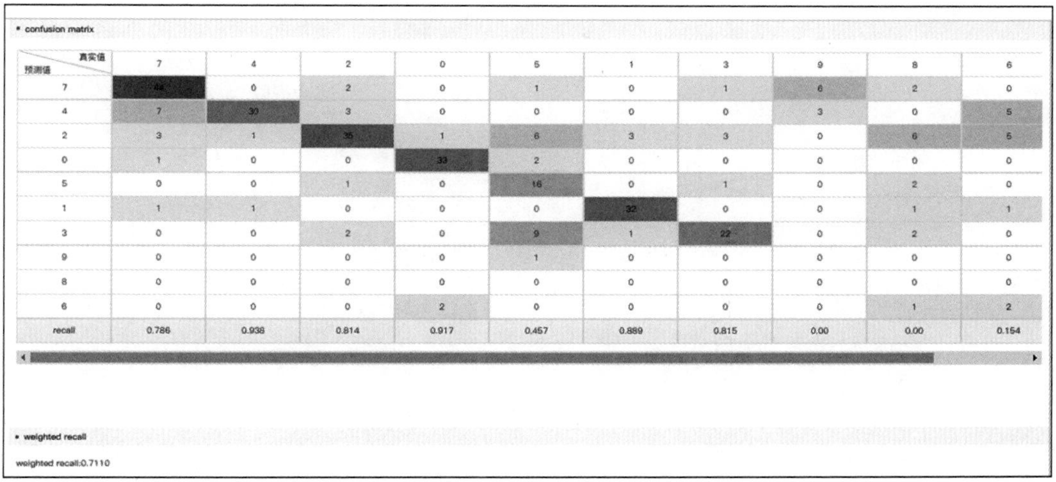

confusion matrix										
预测值 ＼ 真实值	7	4	2	0	5	1	3	9	8	6
7	44	0	2	0	1	0	1	6	2	0
4	7	30	3	0	0	0	0	3	0	5
2	3	1	35	1	6	3	3	0	6	5
0	1	0	0	33	2	0	0	0	0	0
5	0	0	1	0	16	0	1	0	2	0
1	1	1	0	0	0	32	0	0	1	1
3	0	0	2	0	9	1	22	0	2	0
9	0	0	0	0	1	0	0	0	0	0
8	0	0	0	0	0	0	0	0	0	0
6	0	0	0	2	0	0	0	0	1	2
recall	0.786	0.938	0.814	0.917	0.457	0.889	0.815	0.00	0.00	0.154

weighted recall

weighted recall:0.7110

图 1-6　mnist 数据集：模型性能

第 2 章

数据预处理与特征工程

特征是原始数据的数学表示，在机器学习流水线中位于数据和模型之间。一些模型更适合某些类型的特征，反之亦然。因此，合适的特征应该与当前的机器学习任务相关并且容易被模型获取。特征工程指的是从数据中提取特征，将原始数据转换为适合机器学习模型的格式，并为模型和任务制定最佳特征的过程。特征工程是机器学习流水线中关键的一步，因为合适的特征可以降低建模的复杂度，并使机器学习流水线产出更高质量的预测结果。

机器学习领域有一句格言："数据与特征工程决定了模型的上限，改进算法只不过是逼近这个上限而已。"然而，尽管数据的预处理与特征工程很重要，却也很少有对这个话题的单独讨论。因为正确且适合的特征的确定是与模型和数据的背景息息相关的，而且数据和模型如此多样化，所以很难概括出通用的机器学习流水线中的特征工程实践。

2.1　特征提取

从未经处理的原始数据中提取的特征可能会有以下问题：

❑ 不属于同一量纲：特征的规格不一样，不能够放在一起比较。无量纲化可以解决这一问题。

- 信息冗余：对于某些定量特征，其包含的有效信息为区间划分，例如学习成绩，假若只关心"及格"或"不及格"，那么需要将定量的考分转换成"1"和"0"来表示及格和不及格。二值化可以解决这一问题。
- 类别特征不能直接使用：某些机器学习算法和模型只能接受数值特征的输入，那么需要将类别特征转换为数值特征。
- 存在缺失值：缺失值需要进行处理，如删除、增补等。
- 信息利用率低：不同的机器学习算法和模型对数据中信息的利用是不同的。比如，对数值特征进行多项式化，或者进行其他转换，能够达到非线性的效果。

在模型训练过程中，以上所述的各个方面都涉及对原始数据进行抽象、提取、变换进而产生特征的过程。特征提取的目的是自动地构建新的特征，将原始特征转换为一组具有明显物理意义或者统计意义的特征。特征提取也可以看作用特征描述数据的过程，而生产的特征最终用于模型预测。因此，特征提取对于理解模型和算法，以及弄清楚模型需要什么样的特征才能有较精确的预测结果都尤为关键。

2.1.1　探索性数据分析

探索性数据分析不单指数据的可视化或摘要统计。有价值的探索性分析关心的是从原始数据中寻找启发，以避免在之后的任务中因频繁处理琐碎细节而"迷失"。探索性数据分析的目的是了解数据，在进入完整的机器学习流水线之前就应该完成这项工作。它将提供以下三个方面的帮助：

- 获得有关数据清理的宝贵提示，从而大大降低模型失败的概率。
- 获得如何开展特征工程的启发，从而极大地提升模型的上限。
- 获得对数据集的整体把握，从而对模型选择、参数调优以及结果分析带来很好的影响。

进行探索性数据分析的原则是快速、有效和果断。不要跳过这个步骤，但也不要花费太多的时间。Sophon 提供了种类繁多的数据可视化方法以及图表呈现，不要沉溺于"玩"这些功能，你的目的是了解数据，实际上真正提供有用信息的往往几张图表就够了。

样本明细表

要回答有关数据集的一些基本问题，比如：样本数量是多少？特征有多少维？特征的数据类型是什么？是数值型还是类别型？样本是否包含标签？等等。直接将数据集的部分数据展示出来，可以得到一个对数据最直观的感受。使用 Sophon 的数据集管理界面，在明细表中可以看前 500 条数据，图 2-1 给出了 Titanic 数据集的示例。

PassengerId int feature	Survived int feature	Pclass int feature	Name string feature	Sex string feature	Age int feature
1	0	3	Braund, Mr. Ow...	male	22
2	1	1	Cumings, Mrs. J...	female	38
3	1	3	Heikkinen, Miss....	female	26
4	1	1	Futrelle, Mrs. Ja...	female	35
5	0	3	Allen, Mr. Willia...	male	35
6	0	3	Moran, Mr. James	male	NULL
7	0	1	McCarthy, Mr. T...	male	54
8	0	3	Palsson, Master...	male	2
9	1	3	Johnson, Mrs. O...	female	27

图 2-1　Titanic 数据集示例

针对展示的原始数据，回答以下四个问题：

❏ 所有的列是否有意义？

❏ 列中的值是否有意义？

❏ 数据的值是否在合理的区间中？

❏ 数据缺失是否严重（通过简单的判断）？

图形探索

Sophon 支持多种对数据的可视化处理，包括直方图、散点图、箱线图、饼图、雷达图等。下面我们通过例子来说明如何使用图表可视化工具从数据中获取我们所关心的信息。

箱线图（连续特征分布）

箱线图是用来观察类别特征和数值特征之间关系的有效方法。以图 2-2 为例，我们绘制了按类别 Survived（逃生，取值 0 表示未逃生者，取值 1 表示逃生者）分组展示的 Fare（船票价格）指标的分布情况，其中 Fare 0 指未逃生者的船票价格，Fare 1 指逃生者的船票价格。

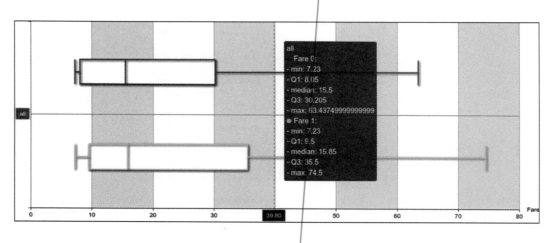

图 2-2　箱线图示例

从图中我们可以看出：

☐ 逃生者船票价格的中位数（框中间垂直条）高于未逃生者。

☐ 逃生者中的最低船票价格与未逃生者中的最低船票价格相等，逃生者中的最高船票价格则高于未逃生者中的最高船票价格。

☐ 用点标注出超过三倍标准差的值（outlier），在这个图中不存在这样的样本。

☐ 所有的 outlier 在建模时考虑作为异常点，并进行异常处理。

条形图（类别特征分布）

条形图将单个特征中各类别的取值分布清晰地展示出来。条的长短直观地反映出一个类别的样本数量。以图 2-3 为例，我们绘制了 Pclass（舱等）的取值分布，总共只有三种取值。

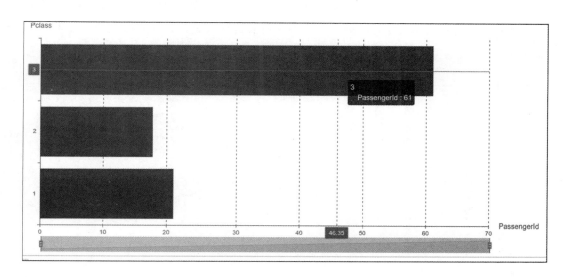

图 2-3　条形图示例

从条形图中可以看出一个类别特征的两种典型情况：

- 稠密类别：出现一个极长的横条，几乎超过其他横条长度的总和。这意味着所有样本几乎都属于同一类别。
- 稀疏类别：出现一个很短的横条，这意味着属于该类别的样本数量极少。在建模时，需要慎重处理上述两种情况。

统计分析

如图 2-4 所示，使用统计分析功能将一次性计算出所有特征的一些常用属性。

- 类别种类过多的非数值特征：被认为是类 ID 列特征，不进行统计分析。

- 类别特征：统计缺失值（有效值）比例、最多取值（众数）及比例、最少取值及比例。
- 数值特征：统计缺失值（有效值）比例、分位数（最大值、3/4 分位数、中位数、1/4 分位数、最小值）、平均值、标准差、峰度、偏度。

这里使用特征类型来区分是否是数值特征，而不是根据特征所有不同取值的个数。比如说 Pclass 特征是 int 类型，因此被认为是数值特征来统计，而实际上 Pclass 特征取值只有 1、2、3 三类，应该视其为类别特征。

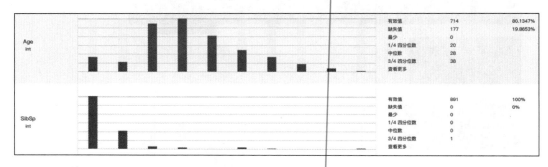

图 2-4   统计分析

2.1.2   数值特征

数值类型的数据可能有各种来源，例如地点或人的地理位置、商品的价格、传感器的读数、流量计数等。尽管数值类型的数据可能满足大部分数学模型的输入格式，但特征工程仍然是必需的工作。一组好的特征不仅可以对数据的内在特性以及显著方面进行描述，而且可以与模型的假设更加契合。因此，对原始数据进行适当的变换是数值特征工程的基础。

对于数值特征而言，数据的量纲是需要检查的第一个要素。在某些场景下可能只有数值的正负性包含重要信息，而换一个场景则可能需要知道一个粗粒度的数值大小关系。这类检查对于累计某些计数类的特征尤为重要，比如统计网站每天的访问次数以及餐馆获得的评论总量等。

接下来，需要考虑数值特征的规模，比如：数值的取值范围（最大值和最小值）是多少？数值跨越多少个数量级？等等。对输入特征进行平滑变换的模型通常对输入的取值范围较为敏感。比如线性模型，输出与输入呈线性比例缩放的关系；其他的例子包括 K-Means 聚类、KNN、使用 RBF 核的 SVM，以及所有采用了欧式距离的模型。对于这类模型，通常需要对输入特征进行归一化，以保证输出在一个期望的取值区间中。

另一方面，基于空间划分的树模型（决策树、梯度提升树、随机森林）对数值特征的取值范围并不敏感。由于决策树模型（二叉树）是由输入数值特征以及阶跃函数（step function，比如判断数值是否大于 40）构成的，最终结果都会转化成二进制形式。然而，如果输入数值的规模会随着时间的增长而增长，比如该特征是某种变量的累计数，那么最终数值将会落在树模型最大的一个分支内。对于这种情形，就需要周期性地对输入进行缩放调整。

数值特征的分布也是一个需要考虑的重要因素，比如线性回归模型假定误差的分布服从高斯分布。在一些特殊的情形下，预测目标可能会跨多个数量级，此时误差的高斯分布假定就不再成立了。解决这一问题的方法之一是进行数值变换，比如对数变换可以将不同量级的数值调整到合适的范围内。

最后，多个数值特征还可以进行组合，比如加权累计等。复杂特征通常可以更为有效地捕获原始数据中的重要信息，使得模型更加简洁，更易于训练和评估，并得到更好的预测结果。下面我们将介绍在 Sophon 中实现的几种常用数值特征的处理方法，所有支持的方法详见 Sophon 的使用手册。

二值化

将数值特征转换为二值特征 0 或 1。在机器学习领域，二值化的目的是对定量的特征进行"是与否"的划分，以剔除冗余信息。以某在线听歌网站预测用户对某一首歌的喜好程度为例（如图 2-5 所示），用户数据中包含用户实际听某首歌的次数这一数值特征，数值较大的听歌计数意味着用户喜欢这首歌，反之亦然。然而，从数据直方图来看，99％的用户的听歌次数是 24 或更低，但也有一些是数以千计，最大为 9667。用户有不同的听歌习惯。有些人可能把他们最喜欢的歌曲放在无限循环的列表中，而其他人可能只在特殊的场合欣赏它们。很难说一首歌听 20 次的人一定比听 10 次的人喜欢两倍。对于这一特征，更合理的表示是使听歌计数二值化，比方说记所有大于 5 次的值为 1，否则记 0。换句话说，如果用户听一首歌超过 5 次，那么我们将其视为用户喜欢的歌曲。于是，模型不需要考虑原始听歌计数的取值量级差异，使用二值化后的度量能够更好地表达用户的偏好（如图 2-5 所示）。

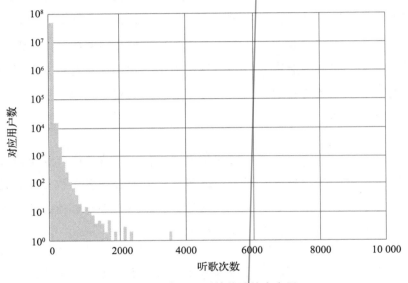

图 2-5 用户实际听某首歌的直方图

数值分桶

分桶或者分箱可以理解为将连续特征值转换为离散特征值的过程。离散化对于线性模型来说是非常有帮助的，原因是它可以将目标值表示为特征值的线性组合形式，转化为离散化之后的特征向量里的每个元素之间的线性组合。这样离散化后的向量的每个分量都有一个权重，并引入了非线性，提升了模型拟合能力。在 Sophon 中实现了 4 种分桶方法：分位数离散化、MDLP、ChiMerge 以及指定区间的特征分桶。具体原理可以参考算子的说明文档。

还是沿用之前的听歌计数特征为例，对于许多模型来说，这种跨越数个量级的原始特征是难以处理的。比如在线性模型中，相同的一组线性系数必须应用到特征的所有可能取值。另外，这类特征也可能导致无监督学习方法失效，比如 K-Means 聚类。

它使用欧式距离来测量样本之间的相似性，于是数据特征中异常大的听歌计数将超过所有其他样本的相似性，这可能会导致相似性度量无效。

解决方案是将数值特征离散化，也就是将听歌计数按数量进行分组。比如 0～5 次记为不喜欢，用 0 表示；6～20 次记为一般喜欢，用 1 表示；21～100 次为比较喜欢，用 2 表示；超过 100 次记为非常喜欢，用 3 表示。于是，与二值化类似，分桶是使用多个分位点将数据映射到更多的离散值之上。

对数变换

对数变换是处理具有重尾分布的正值数值特征的有力工具。重尾分布指的是在尾部范围内的概率比高斯分布的概率大。以网络新闻流行度数据集为例，根据网络新闻文章的特征（包括单词数等）来预测文章的分享数（流行程度）。文章的单词数就是一种典型的长尾特征，而长尾特征是重尾特征的一个子类型。

图 2-6 比较了对数变换前后的文章单词数量的直方图。Y 轴现在都在正常（线性）

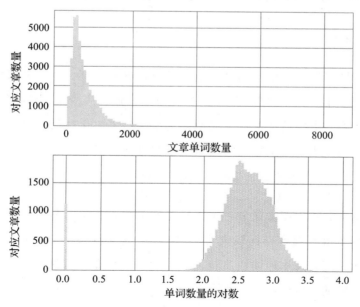

图 2-6　对数变换前后的文章单词数量的直方图

尺度上。对数变换前，原始特征集中在 X 轴低值区域，是明显的长尾分布，而 X 取值在 2000 以上时则视为离群值。对数变换后，除了长度为零的文章（无内容）的离群值，直方图更类似于高斯分布。

特征缩放与归一化

某些特征的值是有上下界的，比如经纬度。而其他数值特征（如听歌计数）则可能会不断增加，直至无穷大。对输入特征进行平滑变换的模型，比如线性回归、逻辑回归或其他包含矩阵运算的模型，都会受到输入数值范围的影响。另外，基于树的模型对数值范围不太敏感。如果你的模型对输入特征的数值范围敏感，则需要进行特征缩放。顾名思义，特征缩放会更改特征值的数值范围，有时人们也称其为特征归一化或标准化。Sophon 中实现了三种类型的特征缩放方法：

❑ minMax 缩放：将数据按比例缩放到 [min, max] 的区间，通常是 [0, 1]。

❑ maxAbs 缩放：将数据缩放到 [-1, 1] 区间。

❑ Standard 缩放：将数据缩放为 0 均值、单位标准差的形式。

2.1.3 类别特征

类别特征，顾名思义，就是用来表达种类或标签的特征。比如，用类别特征表示的世界上的主要城市、一年的四季，或者行业（石油业、旅游业、科技行业等）。在真实世界的数据集中，类别特征的取值是有限的，一般可以用数值来表示。但与数值特征不一样的是，用来表示类别特征的数值无法与其他数值进行比较（比如石油业与旅游行业无法进行比较），这类特征又被称为无序特征。

一个简单的问题可以用来区分一个特征是否为类别特征：是两个值之间的差别比较重要，还是两个值不同本身比较重要？500 元的商品价格是 100 元的商品价格的 5 倍，因此商品价格应该使用连续数值特征来表示。而行业（石油业、旅游业、科技行业等）是无法比较的，因此就是类别特征。

种类庞大的类别特征在交易记录中很常见。比如，许多网络服务提供商通过 ID 来标识用户，而用户 ID 就是一个取值从几百到几百万的类别特征，类别数取决于网络服务的用户数量。交易的 IP 地址是另一个种类庞大的类别特征的例子。IP 地址和用户 ID 都是类别特征，因为它们都是使用数字的形式来表示，并且其大小通常与任务无关。例如，在进行网络欺诈检测时，与个人交易相关的 IP 地址是重要的特征，可能某些 IP 产生的欺诈行为比其他 IP 产生的多，但这并不是因为该 IP 地址的某些位数比其他 IP 地址的大。也就是说数值本身无关紧要。

类别特征的取值通常不是数字。例如，眼睛的颜色可以是"黑色""蓝色""棕色"等。因此，需要使用编码方法将这些非数值类别变为数值形式。简单地将一个整数（比如 1 到 k）分配给 k 个可能类别中的每一个是一种可行的方案。但是，由此产生的整数值具有可以相互比较大小的特性，而这种比较在类别特征中是没有意义的。因此，在 Sophon 中引入了其他的编码方法。

独热编码

独热编码（one-hot encoder）是一种使用二进制（bit）位串来表达类别特征的方法。每一位代表一个可能的类别，由于类别的唯一性，在一组独热编码的位串中只有一位是 1，其余位均是 0。

例如，对上面提到的行业进行独热编码，如表 2-1 所示。

表 2-1 独热编码示例

行业	e1	e2	e3
石油业	1	0	0
旅游业	0	1	0
科技行业	0	0	1

独热编码的缺点是容易造成特征维度大幅增加，以及无法处理之前没见过的值。

高势集特征编码

高势集指的是类别取值非常多的类别特征。一个简单的例子就是邮编，每一个城市细分到每一条街道都可能会有不同的邮编，因此邮编的总数可能有成百上千个。随着邮编数量的增多，使用独热编码显然效果不太好，因为会产生非常高维的稀疏特征。

因此 D. Micci-Barreca 等人[32]就提出了一种基于经验贝叶斯理论的方法，这种方法是将高势类别特征（high-cardinality categorical attribute）映射到连续值上的方法。Sophon 中的高势集特征编码算子便是基于这一思想实现的。这里不详细展开有关经验贝叶斯理论的介绍，详情可参照算子的说明及原始论文。算子的使用需要指定标签列，因此只适用于有监督学习的数据集。

2.1.4　时间特征

时间特征广泛存在于各种实际的数据集中，比如交易产生的时间、用户上线时间、歌曲播放时间、用户分享文章的时间等。原始的时间特征通常以字符串的形式表示，比如"2019 年 4 月 10 日 17 点 29 分"；或者以时间戳的方式表示（BigInt），比如"1451664824123"。Sophon 中提供了格式化时间日期的算子，可以将原始时间特征转化成格式化的时间日期类型值（比如 Spark 提供的 DateType 和 Timestamp-Type）。

原始时间特征与机器学习的目标通常没有直接关联，因此需要进行特定的变换。我们把有关时间特征的提取方法大致分为以下三类：

- ❏ 连续型变换：比如计算用户听一首歌的持续时间，或者计算两个交易之间的时间间隔等。这类变换输出一个连续型的值，计算方法通常是求两个时间戳的差。
- ❏ 离散型变换：比如提取出日期中的年份、月份、季度和星期几等。
- ❏ 提取时间窗口：比如我们需要得到过去一周的交易数据，则可根据交易时间这一特征对数据进行过滤，最终得到时间窗口内的记录。

2.1.5　文本特征

文本特征不能简单地当作类别特征来处理。一段文本是由单词组成句子，再由句子组成段落，并按照一定的词法、句法和文法来生成，而且还应用了修辞手段，蕴含情感信息。后面的第 9 章会详细介绍常用的文本处理手段，这里只介绍一些简单的文本特征提取方法。

词袋

词袋（bag of words）特征将文本转换成向量，其中包含词汇表内每个单词或字出现的次数。词袋向量是"平面"的，因为它不包含任何原始的文本结构。也就是说，词袋特征仅记录了每个单词出现的次数，但却不记录这些单词出现的位置和顺序。

bag-of-n-gram

bag-of-n-gram 是词袋特征的延伸。$n=1$ 时就是基本的词袋特征，也被称为一元模型。n-gram 实际上就是将文本中连续的 n 个词作为一个词组，并统计词组出现的频率。n-gram 保留了文本的更多原始序列结构，故 bag-of-n-gram 可以提供更多信息。但这是有代价的，理论上 k 个独特的词，就可能有 k 个独立的 2-gram（也称为 bigram）。在实践中，因为不是每个单词后都可以跟一个单词，因此并没有那么多。尽管如此，通常 n-gram（$n>1$）也要比单词更多。这意味着词袋特征会有更大的维度，并且有稀疏的特征空间；这也意味着 n-gram 的计算、存储和建模成本会变高。n 越大，信息越丰富，但成本也越高。

过滤清洗特征

我们如何清晰地将信息从噪声中分离出来？使用过滤方法，通过原始分词和计数来生成简单词表或 n-gram 列表的技术将变得更加可用。以下是几种常见的过滤方法。

- 停用词：分类和检索任务通常不需要对文本有深入的理解，文本中的大量代词、冠词和介词通常是没有价值的。Python 的 NLP 软件包和 NLTK 等都包含了由多种语言的语言学家所定义的停用词列表，各种停用词列表也可以在网上找到。
- 高频词：突出显示在语料库中出现多次的常用单词可以揭示很多信息。一方面有助于扩充停用词表，另一方面可以帮助分析用词习惯和提取情感助语等。
- 稀有词：根据任务的不同，可能还需要筛选出稀有词。对于统计模型而言，仅出现在一个或两个文档中的单词更像噪声而非有用信息，而且稀有词还会产生额外的计算开销。重尾分布在现实世界的数据中非常普遍。许多统计机器学习模型的训练时间随特征数量线性变化，并且一些模型的时间成本是二次幂级的，或者更差。稀有词会产生大量的计算和存储成本，而且不会带来额外的收益。

TF-IDF

原本的词袋模型其实表征的是词袋中每一个词在某个文档中的出现次数，但如果某个词在所有样本中都出现了很多次，那么该词的特征值就失去了良好的特征表达能力，因此就出现了 TF-IDF，以平衡权值。TF-IDF 的主要思想是：如果某个词或短语在一篇文章中出现的频率（TF）高，并且在其他文章中很少出现，则认为该词或者短语具有很好的类别区分能力，适合用来分类。TF-IDF 实际上是 TF×IDF，包括词频（Term Frequency，TF）和逆文档频率（Inverse Document Frequency，IDF）。如果一个单词出现在许多文档中，则其逆文档频率接近 1。如果单词出现在较少文档中，则逆文档频率要高得多。

2.1.6　过滤方法

过滤方法不需要依赖机器学习算法，只使用统计学指标对特征进行选择，并且一般分为单变量和多变量两类。单变量过滤方法不需要考虑特征间的相互关系，而多变量过滤方法则需要考虑。常用的单变量过滤方法基于特征变量和目标变量之间的相关性或互信息。单变量过滤方法按照特征变量和目标变量之间的相关性对特征进行排序，过滤掉最不相关的特征变量。这类方法的优点是计算效率高、不易过拟合。由于单变量过滤方法只考虑单特征变量和目标变量的相关性，过滤方法可能选出冗余的特征，因此单变量过滤方法主要用于预处理。多变量过滤方法有基于特征相关性和一致性的特征选择，可以在一定程度上避免冗余特征。

对于单变量过滤方法来说，最简单的方法是计算覆盖率（即某特征在训练集中出现的比例），若特征的覆盖率很小，则可以将其剔除。其次是方差筛选，方差大的特征，可以认为它是比较有用的。而如果方差较小，比如小于 1，那么这个特征对我们算法的作用可能没有那么大。还有最极端的情况，如果某个特征方差为 0，即针对所有样本，该特征的取值都是一样的，那么它对我们的模型训练没有任何作用，可以直接舍弃。在实际应用中，我们会指定一个方差的阈值，当方差小于这个阈值时，特征会被筛掉。

　　第三个是相关系数，主要用在输出连续值的监督学习算法中。我们分别计算所有训练集中各个特征与输出值之间的相关系数，设定一个阈值，并选择相关系数较大的部分特征，例如皮尔森（Pearson）相关系数、斯皮尔曼（Spearman）相关系数等。皮尔森相关系数用于度量两个变量之间的线性关系，斯皮尔曼相关系数则用于衡量两个变量是否存在相同的单调性。其中，皮尔森相关系数定义为两个变量的协方差和标准差的商：

$$\rho_{x,y} = \frac{\mathrm{cov}(x,y)}{\sigma_x \sigma_y} = \frac{E\big[(x - \mu_x)(y - \mu_y)\big]}{\sigma_x \sigma_y}$$

其中 x 和 y 表示两个随机变量，$\mathrm{cov}(x, y)$ 表示协方差，σ_x、σ_y 表示对应的标准差。斯皮尔曼相关系数是秩相关的非参数度量，两变量间的斯皮尔曼相关性等于这两个变量的秩值之间的皮尔森相关性。

$$r_s = 1 - \frac{6 \sum d_i^2}{n(n^2 - 1)}$$

其中 d_i 表示两列特征相同位置上元素对应秩的差值，n 表示样本总数。

　　第四个可以使用的方法是假设检验，比如卡方检验。卡方检验可以检验某个特征分布和输出值分布之间的相关性。通常的做法是：假设特征变量和目标变量之间相互独立，选择适当检验方法计算统计量，然后根据统计量 P 值做出统计推断。我们可以给定卡方值的阈值 P，选择卡方值较大的部分特征。除了卡方检验，我们还可以使用 F 检验和 t 检验，它们都是使用假设检验的方法，只是使用的统计分布不是卡方分布，而是 F 分布和 t 分布而已。

　　第五个是互信息（KL 散度），即从信息熵的角度分析各个特征和输出值之间的关系评分。其中，X 表示一列特征的取值，Y 表示标签（label）的取值，$p(x, y)$ 表示联合概率分布函数。互信息值越大，说明该特征和输出值之间的相关性越大，也就越需要保留。

$$I(X,Y) = \sum_{x \in X} \sum_{y \in Y} p(x,y) \log\left(\frac{p(x,y)}{p(x)p(y)}\right) = D_{\mathrm{KL}}\big(p(X,Y) \,\|\, p(X)p(Y)\big)$$

　　以上是一些常用的单变量过滤方法，还有一些多变量过滤方法。第一个是最小冗余最大相关性（minimum Redundancy Maximum Relevance，mRMR）。由于单变量过滤方法只考虑单特征变量和目标变量之间的相关性，因此选择的特征子集可能过于冗余。mRMR 方法在进行特征选择的时候考虑了特征之间的冗余性，具体做法是对与已选择特征相关性较高的冗余特征进行惩罚。mRMR 方法可以使用多种相关性的度量指标，例如互信息、相关系数以及其他距离或者相似度分数。假如选择互信息作为特征变量和目标变量之间相关性的度量指标，那么特征集合 S 和目标变量 c 之间的相关性可以定义为特征集合中所有单个特征变量 f_i 和目标变量 c 的互信息值 $I(f_i; c)$ 的平均值：

$$D(S,c) = \frac{1}{|S|^2} \sum_{f_i \in S} I(f_i; c)$$

S 中所有特征的冗余性为所有特征变量之间的互信息的平均值：

$$R(S) = \frac{1}{|S|^2} \sum_{f_i, f_j \in S} I(f_i; f_j)$$

mRMR 准则定义为：

$$\mathrm{mRMR} = \max_s [D(S,c) - R(S)]$$

通过求解上述优化问题就可以得到特征子集。在一些特定的情形下，mRMR 算法可能对特征的重要性估计不足，它没有考虑到特征之间的组合可能与目标变量相关。如果单个特征的分类能力都比较弱，而进行组合后分类能力很强，那么这时 mRMR 方法的效果一般比较差（例如目标变量由特征变量进行 XOR 运算得到）。mRMR 是一种典型的进行特征选择的增量贪心策略：某个特征一旦被选择了，在后续的步骤中便不会删除。mRMR 可以改写为全局的二次规划的优化问题（即特征集合为特征全集的情况）：

$$\mathrm{QPFS} = \min_x [\alpha \boldsymbol{x}^\mathrm{T} \boldsymbol{H} \boldsymbol{x} - \boldsymbol{x}^\mathrm{T} \boldsymbol{F}], \quad 满足 \sum_{i=1}^{n} x_i = 1, x_i \geqslant 0$$

其中，α 为平滑系数，$\boldsymbol{F}$ 为特征变量和目标变量的相关性向量，$\boldsymbol{H}$ 为度量特征变量之间冗余性的矩阵。QPFS 可以通过二次规划求解，并且偏向于选择熵比较小的特征，这是因为特征自身的冗余性。另外一种全局的基于互信息的方法是基于条件相关性的：

$$\text{SPEC}_{\text{CMI}} = \max_x [x^{\text{T}} Q x], \quad 满足 \; \| x \| = 1, x_i \geqslant 0$$

其中，$Q_{i,i} = I(f_i ; c)$，$Q_{i,j} = I(f_i ; c | f_j)$，$i \neq j$。$\text{SPEC}_{\text{CMI}}$ 方法的优点是可以通过求解矩阵 Q 的主特征向量来求解，而且可以处理二阶特征组合。

另外一种是相关特征选择（Correlation Feature Selection，CFS）。相关特征选择基于以下假设来评估特征集合的重要性：好的特征集合包含与目标变量非常相关的特征，但这些特征之间彼此不相关。对于包含 k 个特征的集合，CFS 准则定义如下：

$$\text{CFS} = \max_{S_k} \left[\frac{(r_{cf_1} + r_{cf_2} + \cdots + r_{cf_k})}{\sqrt{k + 2(r_{f_1 f_2} + \cdots + r_{f_i f_j} + \cdots + r_{f_k f_1})}} \right]$$

其中，r_{cf_i} 是特征变量和目标变量之间的相关性，$r_{f_i f_j}$ 是不同特征变量之间的相关性，这里的相关性不一定是皮尔森相关系数或斯皮尔曼相关系数。

过滤方法其实是更广泛的结构学习的一种特例。特征选择旨在找到与具体目标变量相关的特征集合，而结构学习需要找到所有变量之间的相互联系，并将这些联系通常表示为一个图。最常见的结构学习算法假设数据由一个贝叶斯网络生成，这时结构为一个有向图模型。特征选择中过滤方法的最优解是目标变量节点的马尔可夫毯，在贝叶斯网络中，每一个节点有且仅有马尔可夫毯。

2.1.7　封装方法

由于过滤方法与具体的机器学习算法相互独立，因此过滤方法没有考虑所选特征集合在具体机器学习算法上的效果。与过滤方法不同，封装方法直接使用机器学习算法评估特征子集的效果，它可以检测出两个或者多个特征之间的交互关系，而且选择的特征子集会让模型的效果达到最优。封装方法是特征子集搜索和评估指标相结合的方法，前者提供候选的新特征子集，后者则基于新特征子集训练一个模型，并用验证集进行评估，为每一组特征子集进行打分。最简单的方法则是在每一个特征子集上训练并评估模型，从而找出最优的特征子集。

封装方法需要对每一组特征子集训练一个模型，所以计算量很大。封装方法的缺点是：样本不够充分时容易过拟合；特征变量较多时计算复杂度太高。

最常用的封装方法是递归特征消除法（recursive feature elimination）。递归特征消除法使用一个机器学习模型来进行多轮训练，每轮训练后，消除若干权值系数的对应特征，再基于新的特征集进行下一轮训练。

下面以经典的 SVM-RFE 算法来讨论这个特征选择的思路。这个算法以支持向量机来为 RFE 的机器学习模型选择特征。在第一轮训练的时候，它会选择所有的特征来训练，得到了分类的超平面 $\boldsymbol{x}^\mathrm{T}\boldsymbol{w}+b=0$ 后，如果有 n 个特征，那么 SVM-RFE 会选择 $\boldsymbol{w}$ 中分量的 w_i^2 最小的序号 i 所对应的特征加以排除，在第二轮训练的时候，特征数就剩下 $n-1$ 个了，继续用这 $n-1$ 个特征和输出值来训练 SVM，同样，去掉 w_i^2 最小的序号 i 所对应的特征。以此类推，直到剩下的特征数满足我们的需求为止。

2.1.8 嵌入方法

过滤方法与机器学习算法相互独立，而且不需要交叉验证，计算效率比较高。但是，过滤方法没有考虑机器学习算法的特点。封装方法使用预先定义的机器学习算法来评估特征子集的质量，需要训练模型很多次，计算效率很低。嵌入方法则是将特征选择嵌入模型的构建过程中，具有封装方法与机器学习算法相结合的优点，而且具有过滤方法计算效率高的优点。嵌入方法是实际应用中最常见的方法，弥补了前面两种方法的不足。

最常用的是使用 L1 正则化和 L2 正则化来选择特征。正则化惩罚项越大，那么模型的系数就会越小。当正则化惩罚项大到一定程度的时候，部分特征系数会变成 0，而当正则化惩罚项继续增大到一定程度时，所有的特征系数都会趋于 0。但是，我们会发现一部分特征系数更容易先变成 0，这部分系数就是可以筛掉的。也就是说，我们选择特征系数较大的特征。逻辑回归就是常用 L1 正则化和 L2 正则化来选择特征的基学习器。除了对最简单的线性回归系数添加 L1 惩罚项之外，任何广义线性模型（如逻辑回归、FM、FFM 以及神经网络模型）都可以添加 L1 惩罚项。

另一类嵌入方法是基于基学习器的特征选择方法，一般来说，可以得到特征系数或者特征重要度的算法才可以作为嵌入方法的基学习器。常见的是树算法的应用，在决策树中，深度较浅的节点一般对应的特征分类能力更强（可以将更多的样本区分开）。对于基于决策树的算法（如随机森林），重要的特征更有可能出现在深度较浅的节点，而且出现的次数可能更多。因此，可以基于树模型中的特征出现次数等指标来对特征进行重要性排序。

嵌入方法也用机器学习来选择特征，但它和 RFE 的区别是，它不是通过不停地筛掉特征来进行训练，而是使用特征全集。

2.1.9　自动特征工程

通常来说，特征工程是一件烦琐、耗时且严重依赖于领域专家知识、直觉和数据特性的一项工作。从广义上来说，应用机器学习的最根本问题就是特征工程。因此，自动特征工程已成为学术研究的一个新兴话题。我们将在自动机器学习的章节中细致介绍这方面的内容。

2.2　交互式数据预处理

交互式预处理是 Sophon 的一个特色功能，它可以实时向用户展示对数据进行预处理操作后的结果。这一功能通过算子的形式提供，算子的输入和输出都是数据的形式。

用户会在需要处理的数据集之后连接交互式预处理算子，双击算子进入交互界面（如图 2-7 所示）。目前支持的预处理算子按类别展示在数据窗口的上方，用户选定了某个预处理算子之后，与在 Sophon 画布中拖曳算子类似，所有算子的参数配置显示在右边，只不过免去了连接算子输入和输出的操作。实时的处理结果将显示在数据窗口中。可以添加多个预处理算子，并分别设置其参数。默认是按顺序执行所有的预处理算子，并显示处理结果。算子下的“眼睛”符号可以控制当前预览哪一步的中间结果，如果没有选择，则在左侧的数据框中显示最后一步的结果。而“开关”标志则控制当前预处理算子是否执行。甚至可以调整算子顺序，不过需要保证每一个算子都能正确引用之前的结果。比如把数据类型转换算子放到了求 a1 的符号算子之前，会提示错误，错误信息以红字显示在数据框的上方。

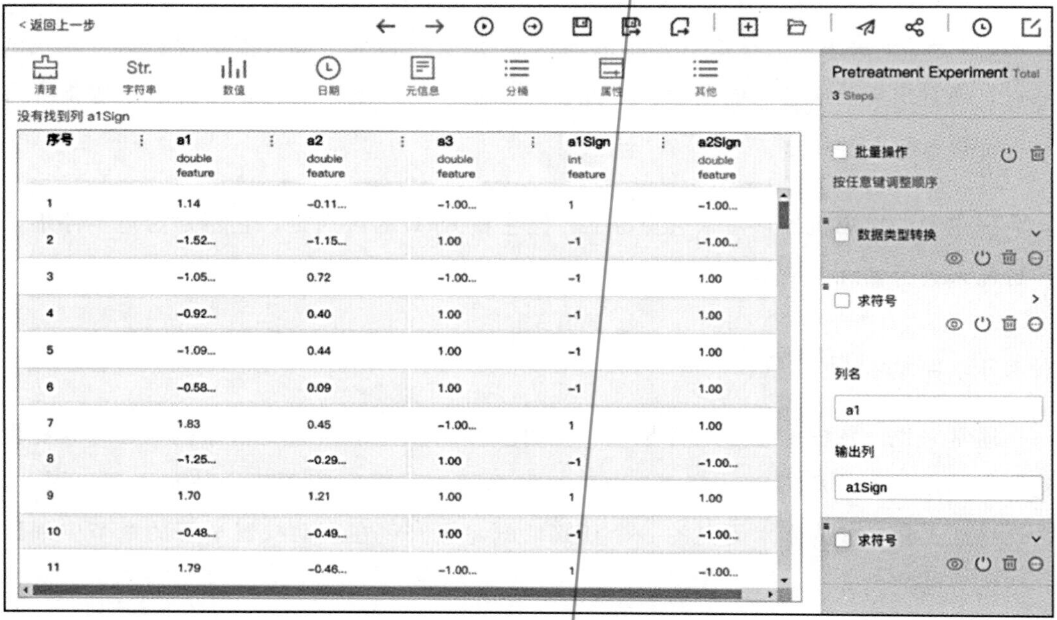

图 2-7　交互式预处理

完成了所有的预处理操作之后，就可以返回 Sophon 画布继续编辑了。而交互式预处理算子则可以看作是一个集成了多个预处理操作的大算子。

2.3　本章小结

本章首先介绍了特征工程（如图 2-8 所示）中特征选择的方法，然后介绍了自动特征工程。自动特征工程作为一个功能强大的模块，可以广泛应用于任何场景中。自动特征工程可以全自动地帮助用户在原始数据集中生成新特征并筛选有效特征，换言之，用户不需要应用场景中专家级别的知识，甚至作为一个机器学习与应用行业领域的新手，亦能通过自动特征工程获得优质特征。

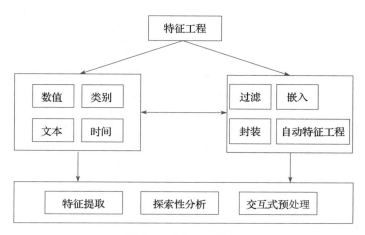

图 2-8　特征工程提要

　　虽然 Sophon 自动特征工程已经选择了贪婪添加特征的方式，但在实际应用中仍然可能面临复杂度问题，尤其在面对大规模数据时，这将是后续自动特征工程发展所面临的挑战。

第 3 章

回 归 模 型

回归是机器学习中一类最为基本的监督学习问题，它在实际生产生活中有着广泛的应用，例如，在经济和金融计量学中十分常见的一元和多元回归模型，多层次回归模型，时间序列模型，以及常用于投资领域的多因子模型；信用风险预测中对客户行为进行预测打分的逻辑回归本质上也是一种回归模型；广泛应用于特征选择和预测模型中的 Lasso 模型，以及弹性网模型也是在一般线性回归上的一个拓展；更一般地，通过引入基函数，我们还有广义线性回归模型，其中的基函数可以是高斯函数、Sigmoid 函数以及小波函数等。

由于具有极强的可解释性和可拓展性，并且应用于多领域多场景，因此它成了统计和机器学习必不可少的一个工具。本章对回归问题进行简单的阐述总结，并介绍三类具体的模型理论，最后在 Sophon 平台上展示基于实际数据的实战演练。

3.1 回归任务概述

机器学习中的回归问题属于监督学习的范畴，其核心是解决连续型变量的预测问题，即通过对具有连续型标签的数据进行学习，建立机器学习模型，从而对其他有相同特征的数据集进行预测。为适应不用的场景和数据，回归模型种类繁多，其中较为常用的模型包括线性模型、决策树模型以及用于生存分析的生存回归模型等，具体使用哪一类模型需要根据实际场景和数据确定。

对于回归任务，可由多个指标判断模型优劣，包括平均绝对误差、平均方差、R2

以及均方根误差。Sophon 平台集成了以上所有的判断标准。Sophon 平台提供了多种回归模型，包括线性回归模型、广义线性模型、决策树回归、随机森林等。Sophon 也支持模型的参数输出，以及模型的输出、保存和复用。

3.2 回归算法原理

本节将讲述在 Sophon 中如何解决线性回归、决策树回归、生存回归等问题。

3.2.1 线性回归

在现实生活中普遍存在着变量之间的关系，比如人的身高和体重的关系，房屋销售面积和销售价格的关系。线性关系是其中最为常见和普遍的一种（如图 3-1 所示）。

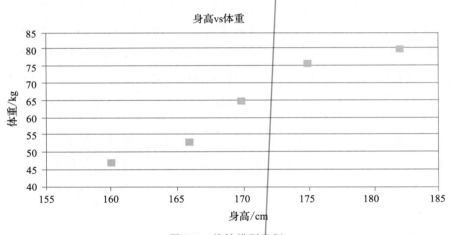

图 3-1 线性模型示例

该类问题有着较为直观的数学抽象，可表示为一元线性回归的形式，即 $y = wx + b$。将其推广到高维形式可得：

$$y = w_0 + w_1 \cdot x_1 + w_2 \cdot x_2 + \cdots + w_n \cdot x_n = w_0 + \boldsymbol{W}^{\mathrm{T}} \boldsymbol{X}$$

更多资料可参考文献［16］等。

由于线性回归相关的理论非常成熟，因此接下来只对广义线性回归做一个数学上的简要概述，我们假设读者已经具备了常用的矩阵计算相关知识。

我们这里指广义的线形模型，其中 $\phi(\cdot)$ 被称为基函数，

$$y(x,w) = \sum_{j=1}^{M-1} w_j \phi_j(x)$$

在这种定义下，多项式回归（polynomial regression）也是一种线性模型。我们给出一个线形公式的矩阵形式推导：

令 $\boldsymbol{\phi}(x_i)^{\mathrm{T}} = (1,\ \phi_1(x_i),\ \cdots,\ \phi_{M-1}(x_i))$

以及 $\boldsymbol{Y}^{\mathrm{T}} = (y_1,\ y_2,\ \cdots,\ y_N)$

记 $\boldsymbol{\Phi}(\boldsymbol{X})^{\mathrm{T}} = (\phi(x_1),\ \phi(x_2),\ \cdots,\ \phi(x_N))$

那么需要解下面这个最小化目标函数的问题：

$$\min_{w} = \frac{1}{2}\ \|\ \boldsymbol{Y} - \boldsymbol{\Phi}(\boldsymbol{X})^{\mathrm{T}}\boldsymbol{W}\ \|^2$$

我们令一阶导数等于 0，那么 $\boldsymbol{\Phi}(\boldsymbol{X})^{\mathrm{T}}\ (\boldsymbol{Y} - \boldsymbol{\Phi}(\boldsymbol{X})\ \boldsymbol{W}) = 0$。方程的解为：

$$\boldsymbol{\Phi}(\boldsymbol{X})^{\mathrm{T}}\boldsymbol{\Phi}(\boldsymbol{X})\boldsymbol{W} = \boldsymbol{\Phi}(\boldsymbol{X})^{\mathrm{T}}\boldsymbol{Y} \Rightarrow \boldsymbol{W} = (\boldsymbol{\Phi}(\boldsymbol{X})^{\mathrm{T}}\boldsymbol{\Phi}(\boldsymbol{X}))^{-1}\boldsymbol{\Phi}(\boldsymbol{X})^{\mathrm{T}}\boldsymbol{Y}$$

由于 $\boldsymbol{\Phi}^{\mathrm{T}}\boldsymbol{\Phi}$ 的求逆操作不一定在误差允许的范围内可行，因此这里我们通常使用伪逆矩阵（Moore-Penrose pseudo-inverse of matrix）乘以 $\boldsymbol{Y}$ 的形式来代替逆矩阵的形式，其他的处理方式包括在目标函数上加入正则项，或者进行 SVD 分解。

注记 3.1：线上回归模型

　　一个问题出现在数据量非常巨大，或者数据是以数据流的形式获得的。我们得不到一个完整的 $\boldsymbol{\Phi}$ 矩阵。这个时候，应该考虑使用线上学习/队列学习（online or sequential learning），其中一个例子是随机梯度下降（stochastic gradient descend）。

3.2.2　决策树回归

决策树模型[6]是应用于分类以及回归的一种树结构。决策树由根节点开始生成，以一定的规则根据样本数据进行节点的分裂，使得分裂之后的节点能更准确地预测目标变量。目标变量若为连续值，则该类决策树称为回归决策树。图 3-2 为一个回归决策树模型输出的一部分。

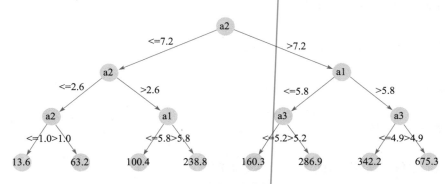

图 3-2　Sophon 中的决策树展示示例

一棵回归树的关键在于如何选择分割点、如何利用分割点对节点进行分割，以及如何选择损失函数。我们在第 4 章会看到分类决策树。顾名思义，分类树用于对离散标签数据进行分类。分类和回归树的一个关键区别在于，回归树需要在每个节点处最小化一个因变量为连续类型的损失函数，并且由此决定数据的切分点，特征值大于切分点值的数据分在右边的节点，而小于切分点值的则分在左边的节点。回归树在随机森林回归，XGBoost 回归等模型中也有应用。图 3-3 为一个回归决策树的 Sophon 建模样例。

Sophon 集成的回归决策树算法的实现是分布式的，虽然读者不需要知道底层具体实现，但是了解分布式的实现原理在设置决策树高级参数，以及理解 XGBoost 和随机森林的原理和性能改进方面会有所帮助。这里我们简单介绍一下回归决策树，以及它在 Sophon 中的实现原理。如果点击回归决策树算子，则会发现如图 3-4 所示的参数设定。

常见的回归决策树模型一般会要求设定树的最大深度、节点继续分割的最小样本数（最小分割大小）、停止分割的最大纯度值（Impurity），或者停止分割的最小增益等。相比一般的回归决策树，分布式回归决策树多了几个高级参数设置选项，这是因为对大规模数据而言，按照运算小数据集的方法对数据进行排序是一个很费时的操作。因此，分布式决策树的实现选择了先对特征进行分桶，然后对每个分桶进行回归操作。

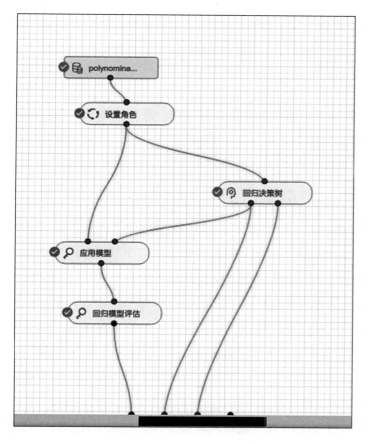

图 3-3　回归决策树应用于多项式拟合的数据实例

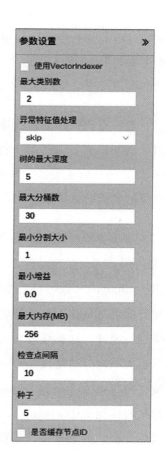

图 3-4　回归决策树 Sophon
　　　　参数设定

首先对数据集进行抽样，计算分位点的大概值，这些分位点把数据特征进行了"分桶"。因此你可以在图 3-4 中看到"最大分桶数"这个参数设定，它规定了对特征进行分桶的最大数量。显而易见，最大分桶数不应该超过总的样本数量（否则某些分桶为空）。默认的分桶数值为 32。

只有连续类型变量才需要进行分桶操作，对于离散变量（或者称为类别变量）而言，每个变量的取值个数不应该太多（否则就和连续变量一样耗时了）。一个方便（惯用）的方法是把取值太多的变量作为连续变量处理，因此在 Sophon 中，提供了是否使用 "VectorIndexer"（向量索引器）的选项。勾选这个选项能够对数据集特征向量中的类别（离散值）特征进行编号，把剩下的连续变量交给分桶来处理，我们设定了 "最大类别数"，凡是大于这个最大类别数的变量都被 VectorIndexer 识别为连续变量，反之为离散变量。

有一点值得注意，就是测试数据中的离散变量可能出现一些训练数据中没有的取值，例如训练集中的某个特征取值为 {a，b，c}。但在测试或者线上的集合中出现了 {d，f，…} 解决办法，即在异常特征值处理中选择 skip 选项，那么出现 {d，f，…} 取值的数据行就会被忽略。

高级参数设置包括每个 worker 的 "最大内存"（MB）、"检查点间隔" 以及是否 "使用节点 Id 缓存"，这几个都是专用于 Spark 分布式算法底层的参数设置，读者在使用 Sophon 时一般可以直接使用 Sophon 的默认值。其中，最大内存是为了让决策树在对数据进行抽样时（分桶之前）尽量快而设置的，每个 worker 都会使用最大内存的数据进行统计，如果设置较大，一般可以少抽样几次，这可能会加快运算速度，但是设置过大的内存会造成 worker 的通信压力，进而导致速度变慢。"使用节点 Id 缓存" 一般在树很大或者很深时勾选能够加快速度，默认不勾选的情况下，当前模型会在每轮迭代时传给每个 executor，使得训练样本和树的节点能够对应上，但是这会造成一定的通信代价；而如果选择缓存，那么节点 Id 在每轮结束时被缓存，避免了模型的通信代价。检查点间隔只有在 "是否缓存节点 Id" 被勾选时才会起作用，当节点 Id 被计算更新之后，会以一定的频率间隔被存储；如果间隔设置太小，那么存储太过频繁，会造成 HDFS 的额外写入开销；如果设置太大，那么一旦 executor 计算失败，没有被存储的节点 Id 便会丢失，而重新计算又会花费额外的时间。

3.2.3　生存回归

生存数据就是关于某个体生存时间的数据，而生存时间则是死亡时间减去出生时间。例如，一个自然人的死亡时间减去出生时间，就是一个人的寿命，这是一个典型的生存数据。类似的例子还可以举出很多。所有这些数据都有一个共同的特点，就是需要清晰定义的出生和死亡。如果用死亡时间减去出生时间，就产生了一个生存数据。因为死亡一定发生在出生的后面，因此生存数据一定是正数。从理论上讲，出生与死亡时间都可能取任意数值，因此生存数据一定是连续的正数。为研究协变量对生存时间的影响，Sophon 平台提供了 AFT（Accelerated Failure Time）生存模型[12,28]。AFT 模型将线性回归模型的建模方法引入到生存分析的领域，成了生存分析领域使用最广泛的 Cox 模型[11]的一个重要替换。在处理方法上，将生存时间的对数作为反应变量，研究多协变量与对数生存时间之间的回归关系，此时，模型与一般的线性回归模型相似。对回归系数的解释也与一般的线性回归模型相似。

$$\log(T_i) = \boldsymbol{X}_i^{\mathrm{T}}\beta + \varepsilon_i, \quad i = 1, \cdots, n, \quad \boldsymbol{X}_i \in \mathbf{R}^p$$

其中，β 为自变量的偏回归系数。假设随机删失变量为 C_i，对任意 $i=1$，$\cdots$，n，我们只能观测到（Z_i，δ_i，$\boldsymbol{X}_i$），其中 $\delta_i = I_{T_i \leqslant C_i}$ 是（右）删失指示变量，表示其生存时间大于观察时间，且 $Z_i = \log \min (T_i, C_i)$。注意到 $\delta_i = 0$ 意味着右删失，$\delta_i = 1$ 意味着没有删失。

参数 AFT 模型的残差 ε 具有下述形式：

$$\varepsilon_i \overset{i.i.d}{\sim} F \in \mathcal{F} \tag{3.1}$$

这里 $\mathcal{F}$ 可以是指数族（如众所周知的正态分布或者指数分布），也可以是一般的极值分布族（General Extreme Value distribution，GEV）：

$$\mathcal{F} = \mathrm{GEV}\{\mu, \sigma, \xi\} \sim \mathrm{e}^{-\left[1 + \varepsilon\left(\frac{x-\mu}{\sigma}\right)\right]^{-\frac{1}{\xi}}} \tag{3.2}$$

此外，参数 AFT 可以依靠增加惩罚项来达到对超参数的约束[47]，表 3-1 列举了一些常见的惩罚项。需要指出的是，这些惩罚项在回归模型中也同样适用。

表 3-1　参数 AFT 模型/回归模型中适用的惩罚项

模型	作者	惩罚项形式：$\sum_j p\left(\left\|\beta_j\right\|;\lambda\right)$
Ridge Regression	[15]	$\lambda\beta_j^2$
LASSO	[44]	$\lambda\left\|\beta_j\right\|$
Elastic Net	[53]	$\lambda_1\left\|\beta_j\right\|+\lambda_2\beta_j^2$
OSCAR	[3]	$\sum\left\|\beta_j\right\|+\lambda\sum_{j<k}\max_{j<k}\left(\left\|\beta_j\right\|,\left\|\beta_k\right\|\right)$
Grouped LASSO	[17]	$\lambda\sum_{j<i}\left\|B_{i,j}-B_{j,i}\right\|_{\ell_2}$，这里问题定义为 $\boldsymbol{X}_{n\times p}=\boldsymbol{X}_{n\times p}\boldsymbol{B}_{p\times p}$
Adaptive LASSO	[52]	$\left\|w_i\beta_j\right\|$
L2-Boosting	[7]	最小二乘 Boosting 算法
SCAD	[14]	$\lambda^2-\left(\left\|\beta_j\right\|-\lambda\right)^2 I\left(\left\|\beta_j\right\|<\lambda\right)$
Min-Max Convex	[48]	$\lambda\int_0^{\left\|\beta_j\right\|}\left(1-v/(r\lambda)\right)_+\mathrm{d}v$
Dantzig-Selector	[8]	求解 $\min\|\beta\|_{\ell_2}$，满足 $\|\boldsymbol{X}^{\mathrm{T}}\left(y-\boldsymbol{X}^{\mathrm{T}}\beta\right)\|_{\ell_\infty}\leqslant\left(1+t^{-1}\right)\sqrt{2\log p}\sigma$

注记 3.2：AFT 模型和参数 AFT 模型

注意，Sophon 平台所提供的 AFT 模型的分布式版本是参数形式的，AFT 模型的统计分析细节可以参考文献 [51, 46]。此外参考文献 [47]，参数 AFT 模型在高维情况下使用正则会有比较好的效果。具体而言：

1. 高维 AFT 模型的经验似然函数实际上是 β 的隐函数；
2. 高维 Cox 模型的成功在于其 Partial-likelihood 拥有解析形式。

我们完全可以使用参数 AFT 来解决 AFT 问题（高维或者低维）。此外，由于解参数形式的 AFT 模型可以划归成解凸优化问题，因此在处理大规模数据时，相比基于 EM 等算法的非参数解法，这样做无疑更加有利于扩展。

3.3　Sophon 案例

本节以生存分析为例，用癌症数据集来展现回归建模的全过程。

数据集

如表 3-2 所示，使用 Sample 数据集 survival_analysis，该数据集包括 8 个 feature。

表 3-2　生存分析数据集描述

序号	列名	类型	序号	列名	类型
1	id	int	6	tumsize	double
2	days	int	7	nodes	int
3	censor	int	8	er	int
4	trt	int	9	years	double
5	meno	int			

建模过程

数据预处理过程如图 3-5 所示，该流程的具体意义为：

1. **过滤**：去除有缺失值的记录。

2. **独热编码**：将数据集中将要使用的分类变量进行独热（one-hot）编码。

3. **选择属性**：选择该模型需要使用的特征，在该项目中使用了三个特征属性，即 one-hot 之后的 trt（治疗方案）、tumsize（肿瘤尺寸）、censor（删失），以及一个标签属性 days（时长）。

4. **设置角色**：将特征设置成对应的角色。censor 用来指示是否为删失数据列，因此将其角色设为 regular 以进行特殊表示，否则模型会将该变量当成一般特征处理。

5. **样本切分**：将数据按 70％∶30％ 比例分成测试集和训练集。

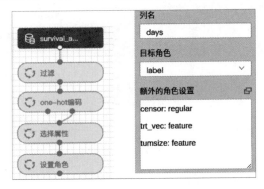

图 3-5　生存分析建模流程和参数设置

建模及模型分析过程如下：

1. **生存回归**：训练 AFT 生存回归模型，参数列表主要部分如图 3-6 所示。

2. **应用模型**：在测试集上使用已训练完的生存模型。

3. **过滤**：将 censor＝0 的数据取出，因为 censor＝1 对应的个体并没有死亡，所以其不能作为模型性能评估的依据。

4. **性能(回归)**：计算模型各个判定指标的得分。

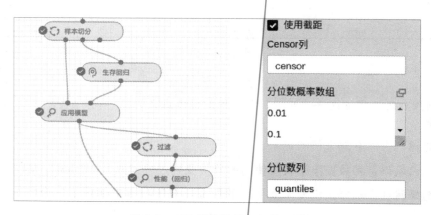

图 3-6   AFT 建模流程和参数设置

结果分析

根据输出模型系数输出如图 3-7 所示的结果表。

Attribute	Weight
tumsize	−0.2018542222699873
trt_vec_0	0
trt_vec_1	0.11328254490800742
trt_vec_2	−0.1387176530366681
Bias	9.224663023713891

图 3-7   结果分析

通过分析可以得出结论：

- tumsize 越大的病人存活时间越短。
- 三种治疗方案效果：trt_vec_1 好于 trt_vec_0 好于 trt_vec_2。

对于单个测试集中的病人最终输出记录，请见图 3-8。分位数（quantiles）数组参数设置为 [0.01，0.1]，最终序号 2 的个体得到的分位数列为 [175.93，1013.89]。对于结果可做如下解读：①该肿瘤患者存活时间大于 175.93 天的可能性为 99%，②存活天数大于 1013.89 天的可能性为 90%。

序号	days	censor	tumsize	trt_vec	prediction	quantiles
	int	int	double	struct<type:tinyint,size:int	double	struct<type:tinyint,si
	label	regular	feature	feature	prediction	feature
2	1597	0	3.10	(3,[],[])	5425.77	[175.93,1013.89]
3	1611	0	1.00	(3,[],[])	8290.03	[268.80,1549.12]
4	1687	0	4.00	(3,[1],[1.0])	5067.12	[164.30,946.87]

图 3-8　病人最终输出记录

3.4　本章小结

本章主要介绍了回归模型（具体结构请见图 3-9）的算法原理、在 Sophon 中的实现以及一个实战案例分析。线性回归模型是一类非常重要的工具，并且有极强的可解释性和可扩展性，深入理解线性回归模型能够加深读者对许多其他算法的认识；决策树是一类典型的树算法，在很多其他的复杂模型（诸如随机森林、GBDT、孤立森林（Isolation Forest）等）中，都能看到它的影子。同时，生存分析是统计学中一门较复杂的领域，它与回归模型直接相关，但具备独有的删失结构，也被广泛应用于质量监督、生物医学等领域，Sophon 中也提供了相应的 AFT 算子。

本章介绍的几种算法构成了其他更复杂的机器学习算法的基础，因此理解它们在 Sophon 中的使用和调优也至关重要。但是由于篇幅限制，我们不能详细列出 Sophon 平台的每种回归模型的使用方法，以上三种模型囊括了多数算子的参数设置和使用，希望对读者有所帮助。

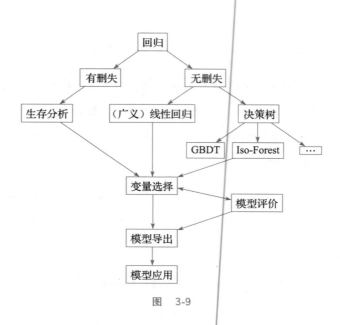

图　3-9

第 4 章

分 类 模 型

4.1　分类任务概述

分类是机器学习中常见的一类监督学习问题，它在实际生活中有着广泛的应用，例如：

- □ 欺诈行为检测
- □ 医学临床检测
- □ 点击量预测
- □ 推荐系统
- □ 图像识别

......

一般来说，我们通过学习训练集中的数据和离散标签来得到一个模型，然后使用这个模型对没有标签的数据进行分类，我们把这样的模型叫作分类器（classifier）。常见的分类器一般有两大类：判别模型（discriminative model）和生成模型（generative model）。生成模型可以直接对数据建模，但要考虑变量的联合概率分布；判别模型不对联合概率分布建模，而是根据已知观测变量来对目标变量的条件概率建模。关于判别模型和生成模型的比较，可参考文献 [35]，其中以逻辑回归和朴素贝叶斯为例比较了两种分类方法的优劣。

训练分类器的过程通常是参数选择的过程（当然我们也有类似 KNN 这样的非参数学习方法），通过诸如交叉验证、网格或者随机搜索等模型选择的技巧，我们可以得到参数空间中的最优解。分类器的评估本身也是一件场景依赖的工作，在大规模数据的情况下更是如此。例如，我们会选择使用混淆矩阵（confusion matrix），以及准确率（accuracy）和召回率（recall），但是哪个指标更重要则需要依据场景来决定。在大规模数据的情况下，我们还需要考虑计算的实际复杂度以及内存使用等方面的指标。现实分类任务中的场景是复杂的，根据不同的分类任务和数据集，我们会选择不同的分类器。Sophon 提供了一套丰富的分类算子模型，涵盖常用的分类算法及其分布式实现，使大规模数据场景下的分类任务变得更加简单。

本章中，我们首先介绍几类最常用分类模型的原理，以及它们的分布式实现方法；然后，向读者展示 Sophon 分类算子的工作流（workflow）的创建方法；最后，总结关于 Sophon 分类模型的使用场景与建议。

4.2　分类算法原理

本节会覆盖下列常用分类模型的原理和适用范围：

- ❏ 逻辑回归
- ❏ 因子分解机
- ❏ XGBoost

4.2.1　逻辑回归

逻辑回归[1]模型适合用于学习大规模训练的样本，虽然计算精度比诸如树类的模型稍差，但具有很强的可解释性，处理速度很快并且容易并行，因此在实际中大量使用，并作为许多应用场景的基准（benchmark）算法。

逻辑回归也叫作对数几率回归,它假设因变量 $Y=1$ 的条件概率函数服从逻辑函数:

$$P(Y=1 \mid x) = \frac{\exp(\boldsymbol{w} \cdot \boldsymbol{x})}{1 + \exp(\boldsymbol{w} \cdot \boldsymbol{x})} \tag{4.1}$$

其中 $\boldsymbol{w}$ 代表参数向量,$\boldsymbol{x}$ 代表输入,这里截距项已经被包含在 $\boldsymbol{x}$ 中。从公式(4.1)中可以很容易看出,当线性函数部分 $\boldsymbol{w} \cdot \boldsymbol{x}$ 的值趋向正无穷时,概率值接近于 1;而当线性函数的值趋向负无穷时,概率值接近于 0。数学上,Sigmoid 函数(S 函数)是一种严格单调递增的 S 形曲线,但我们通常说到的 Sigmoid,指的是逻辑函数。Sigmoid 函数表达式为 $S(x) = \frac{1}{1+\mathrm{e}^{-x}} = \frac{\mathrm{e}^x}{1+\mathrm{e}^x}$。对于 Sigmoid 函数曲线,从线性回归的角度考虑,我们也可以将逻辑回归看成是把 $Y=1$ 的条件概率换成该事件的对数几率的一种广义线性回归:如果一个事件的概率是 p,那么该事件的几率是 $\frac{p}{1-p}$,对数几率是 $\log \left(\frac{p}{1-p} \right)$。我们通常采用最大似然函数的方法来进行参数估计。由于对逻辑回归来说得到的对数最大似然函数是一个凸函数,因此我们可以通过梯度下降等数值优化方法得到一个比较精确的解[5]。

常用的优化方法包括 BFGS、L-BFGS 以及共轭梯度下降等。其中,BFGS(Broyden-Fletcher-Goldfarb-Shanno)算法和 L-BFGS(Limited-memory BFGS)算法都是拟牛顿(Quasi-Newton)方法。在很多标准教科书(如文献[1,16])中,针对指数族的广义线性回归有更一般的 IRLS(Iteratively Reweighted Least Square)算法来处理增量更新等问题,在处理大规模逻辑回归问题时有大规模的 L-BFGS 算法[10]。

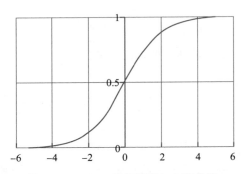

图 4-1 Sigmoid 函数曲线:S 形曲线

逻辑回归经常和其他的算法搭配使用,并且针对不同的场景有不同的变化。例如在计算广告的营销场景中需要使用独热编码来对不同用户和广告的信息进行编码,这样得到的是一个特征数量巨大的稀疏矩阵；对于实时性的广告推荐（例如 SSP 和 DSP 厂商的广告推荐系统，以及视频广告插入等应用），数据和样本的更新更加迅速，数据量更加巨大，并且在算法的准确性和稳定性、分布式系统的一致性以及实时系统响应延迟等方面都有很高的要求。针对这些特点，业界有非常多的研究，例如 FOBOS 算法[6]、RDA 算法以及 FTRL 算法。

注记 4.1：拟牛顿方法

拟牛顿方法的思想是用数值迭代的方法来替代直接从牛顿方法中计算海森矩阵（Hessian），是对牛顿方法的一种近似，它极大地简化了计算。L-BFGS 是 BFGS 的近似版本，主要是为了解决 BFGS 的内存占用问题，因为 BFGS 需要在内存中存储一个海森矩阵（$n \times n$）大小的矩阵来进行迭代，而当数据量很大时（比如在图像处理领域），n 可以达到百万级别，全部放进内存是不可行的。L-BFGS 采取的方法是存储一些迭代向量来近似地估计这个矩阵，这样内存的使用就是线性增长而不是 $O(n^2)$。

关于 BFGS 算法的相关信息，可以阅读文献 [5，18]，以及星环科技博客"深入学习机器学习系列 17"[45]。

逻辑回归的分布式实现

逻辑回归并行计算的主要办法是将矩阵进行分块计算。我们注意到，假设 $y \in \{-1, 1\}$ 逻辑回归的梯度下降公式为：

$$\nabla_w f(\boldsymbol{W}_t) = \sum_{j=1}^{M} [\sigma(y_j \boldsymbol{W}_t^{\mathrm{T}} \boldsymbol{X}_j) - 1] y_j \boldsymbol{X}_j \tag{4.2}$$

对 $\boldsymbol{W}$ 和 $\boldsymbol{X}$ 进行行和列的划分，分块之后，按分块进行 $\boldsymbol{W}$ 和 $\boldsymbol{X}$ 的矩阵乘法，将结果按行号传递给每个分块。然后按分块计算标量 $[\sigma(y_j \boldsymbol{W}_t^{\mathrm{T}} \boldsymbol{X}_j) - 1]$ 和分块矩阵的乘积，按照列号进行求和。由此求出对 $\boldsymbol{W}$ 的每个分量的导数。

树形求和

在分布式计算 LR（逻辑回归）的过程中，我们需要对分区进行遍历求和。Spark

中的实现通过树形求和（TreeAggregate）来完成不同分区数据的求和汇总。

TreeAggregate 是对 Aggregate 方式的一种改进。Sophon 采用了分布式计算中的 Master-Slave 架构，driver（驱动节点）负责运行 Application 的 main 函数；Spark 中的 Aggregate 方式，是在每个分区完成计算后将所有数据拉到 driver 端进行遍历合并，这样很容易导致 driver 端的内存不足。TreeAggregate 的办法是自底向上地构建树：定义参数 depth 来表示树的深度，根据分区数量和树的深度确定父节点可以分出多少个子节点，然后自底向上根据分区的编号进行合并，一共合并 depth 层。最后当分区合并到足够少时，再将数据传输到 driver 端进行计算。

4.2.2　因子分解机

因子分解机是由大阪大学的 Steffen Rendle 提出的一种基于矩阵分解的算法，最大的特点是针对稀疏数据具有很好的学习能力。和 SVM 相比，它不需要求解对偶问题和支持向量，更适合大数据集的训练。

和线性回归相比，因子分解机在对因变量的预测中引入了交叉项，例如，$y = w_0 + w_i \times x_i + \sum_{i=1}^{n-1} \sum_{j=i+1}^{n} w_{i,j} x_i x_j$。

但是，如果 x_i 和 x_j 的交叉项在数据中不存在，那么我们就没有办法估计 $w_{i,j}$ 的值，为此，FM 对每一个特征 x_i 引入了辅助向量 $\boldsymbol{v}_i = (v_{i,1}, v_{i,2}, \cdots, v_{i,k})$，利用辅助向量的内积对交叉项系数 $w_{i,j}$ 进行估计：$w_{i,j} = <\boldsymbol{v}_i, \boldsymbol{v}_j>$。接下来通过矩阵形式变换，简化运算：

$$
\begin{aligned}
\sum_{i=1}^{n-1} \sum_{j=i+1}^{n} <\boldsymbol{v}_i, \boldsymbol{v}_j> x_i x_j &= \frac{1}{2} \Big(\sum_{i=1}^{n} \sum_{j=1}^{n} x_i x_j <\boldsymbol{v}_i, \boldsymbol{v}_j> - \sum_{i=1}^{n} <\boldsymbol{v}_i, \boldsymbol{v}_i> x_i x_i \Big) \\
&= \frac{1}{2} \Big(<\sum_{i=1}^{n} x_i \boldsymbol{v}_i, \sum_{j=1}^{n} x_j \boldsymbol{v}_j> - \sum_{i=1}^{n} <\boldsymbol{v}_i, \boldsymbol{v}_i> x_i x_i \Big) \quad (4.3) \\
&= \frac{1}{2} \sum_{f=1}^{k} \Big(\Big(\sum_{i=1}^{n} x_i v_{if} \Big)^2 - \sum_{i=1}^{n} (v_{if} x_i)^2 \Big)
\end{aligned}
$$

因子分解可以用于回归或者分类，针对不同的问题，我们采用不同的损失函数

（对于二分类问题，我们同样采用 Sigmoid 函数的方法返回一个概率值），并且采用随机梯度下降的方法找到最优参数。

Sophon 的因子分解机实现可以在推荐系统菜单下找到，FFM（Field-aware Factorization Machine，场感知分解机）也有对应实现。

更多关于因子分解机的内容可以参考文献 [26] 和文献 [40]。

4.2.3 XGBoost

XGBoost 的全称是 Extreme Gradient Boosting。它由 Gradient Boosting Decision Tree（GBDT）发展而来，最初是一个研究项目，由 Distributed（Deep）Machine Learning Community（DMLC）的陈天奇负责。该方法曾在多个机器学习挑战赛中获奖，也是目前 GBDT 的最好实现之一。它被广泛应用于商店销售预测、高能物理活动分类、网络文本分类、客户行为预测以及广告点击量预测等。

对于给定的数据集，假设含有 n 个样本，m 个特征，$\mathcal{D}=(\boldsymbol{x}_i, y_i)$，我们想使用 K 个方程去拟合因变量 Y。每一次我们增加一个方程，这个方程最小化当前的损失函数，即我们需要增加 f_t 来最小化当前的损失函数。

$$\mathcal{L}^{(t)} = \sum_{i=1}^{n} l(y_i, y_i^{(t-1)} + f_t(\boldsymbol{x}_i)) + \Omega(f_t)$$

XGBoost 还在此基础上进行了一系列的优化，一种是衰减（shrinkage），即每次新增的权重乘上一个衰减因子；另一种是对列进行抽样，这个技巧同样可以在随机森林中找到。关于 XGBoost 原理更具体的说明可以参见陈天奇的论文[9]。

4.3 使用 Sophon 建立分类模型

4.3.1 场景介绍

我们以 Titanic 数据集为例，介绍如何进行数据建模和分析。我们假设读者已经成功建立了一个用于二分类的项目。Titanic 数据集数据字典如表 4-1 所示。

表 4-1 Titanic 数据集数据字典

编号	字段	类型	描述
1	passenger_class	string	乘客舱等级
2	name	string	乘客名字
3	title	string	称呼（先生、女士等）加上名字
4	sex	string	男或者女
5	age	double	年龄
6	no_of_siblings_or_spouses_on_board	int	船上兄弟或者配偶的人数
7	no_of_parents_or_children_on_board	int	船上父母或者子女的人数
8	ticket_number	string	船票的编码
9	passenger_fare	double	船票价格
10	cabin	string	船舱编号
11	port_of_embarkation	string	登船入口编号
12	life_boat	string	是否登上救生艇
13	survived	string	是否逃生

Titanic 数据集可以通过在实验界面左侧“搜索”中搜索“Titanic”找到，点击 Titanic 数据集，可以在右侧参数设置中找到列名和对应列名的类型。数据列出了每个乘客对应的相关信息（如图 4-2 所示）。你也可以直接将数据算子的“output”接口接到“result”上以观察输出结果。

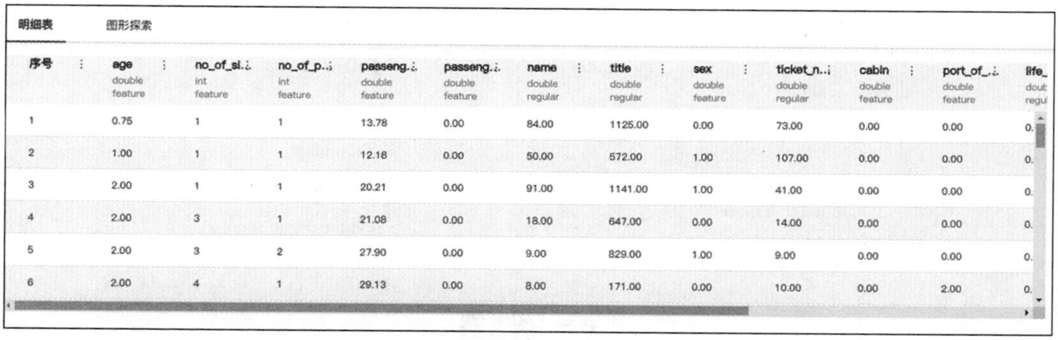

序号	age double feature	no_of_si... int feature	no_of_p... int feature	passeng... double feature	passeng... double feature	name double regular	title double regular	sex double feature	ticket_n... double regular	cabin double feature	port_of_... double feature	life_ dout regu
1	0.75	1	1	13.78	0.00	84.00	1125.00	0.00	73.00	0.00	0.00	0.
2	1.00	1	1	12.18	0.00	50.00	572.00	1.00	107.00	0.00	0.00	0.
3	2.00	1	1	20.21	0.00	91.00	1141.00	1.00	41.00	0.00	0.00	0.
4	2.00	3	1	21.08	0.00	18.00	647.00	0.00	14.00	0.00	0.00	0.
5	2.00	3	2	27.90	0.00	9.00	829.00	1.00	9.00	0.00	0.00	0.
6	2.00	4	1	29.13	0.00	8.00	171.00	0.00	10.00	0.00	2.00	0.

图 4-2 原始 Titanic 数据示例

在这个场景中，我们可以将表 4-1 内编号为 12 或 13 的字段作为因变量（登上救生艇几乎一定成功逃生），而将其他变量作为自变量来预测。需要注意的是，一些变量的类型一开始可能不是你想要的。

4.3.2　建模过程

建模的过程实际上是一个管道（pipeline）搭建的过程。

（1）角色设置

1）首先，正如上一节提到的，我们需要设置每一个变量的角色。我们考虑把变量"survived"作为因变量，把变量"age""sex""cabin"等作为自变量，把与建模无关的变量（如"name""title"等）列出来作为"额外变量"（角色）。

2）在左侧"搜索"栏中键入"设置角色"，拖曳算子到界面中，或者双击算子。

3）如图 4-3 所示，点击"设置角色"算子，在右侧的参数设置中选择对应的"列名""目标角色"和"额外的角色设置"。对于额外角色，你可以通过点击"新建"来添加列名，目标角色"regular"表示不使用这个额外角色。

图 4-3　角色设置中的参数

（2）替换缺失值

对于不同类型的自变量，要采取不同的方式替换缺失值。这里我们把数值型的缺失值替换成"median"（中位数），而对于字符串型的则替换成"missing"。

选择替换成"missing"时，双击"替换缺失值"算子，在参数设置中，筛选类型设为"subset"，选择额外列——这里指的是需要被替换的列（你也可以勾选"反向选择"，在"额外列"中选择不想被替换的列）。

而选择替换成"median"时，对于这种混合类型的数据（既有数值型，又有字符串型），一般至少需要两次替换缺失值，一次替换数值型，一次替换字符串型。图 4-4 展示了字符串类型的参数设置情况。

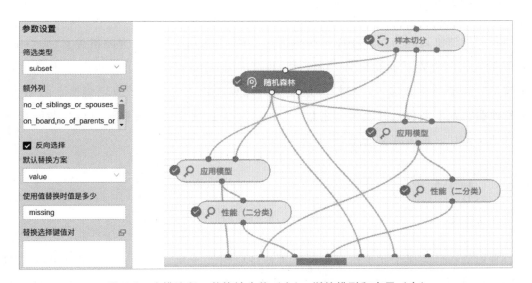

图 4-4　建模流程：替换缺失值（左）；训练模型和应用（右）

（3）类型转换

类型转换的方式有很多种，包括"独热编码"等都可以用来对名义变量（nominal variable）进行操作，我们这里可以采取字符串索引的方式，用变量值的出现频率顺序代替变量值。

双击"字符串索引"算子，选择需要进行替换的属性子集，并选择索引顺序为"frequencyDesc"，即按照频数下降的顺序对字符串进行索引编号。

到这一步为止，我们基本上完成了数据预处理的工作，接下来，我们需要对样本进行切分，选择和应用模型，并对模型结果进行评估。

（4）样本切分

选择训练集和测试集的切分比例，一部分用于模型训练，一部分用于模型测试。这里我们将 partition1 和 partition2 的比例确定为 7 ：3，分别是训练集和验证集。

（5）应用模型

我们以随机森林为例，在样本切分之后，将"partition1"作为随机森林的"train set"输入，随机森林的输出为"model"和"featureImportance"。"model"作为"应用模型"算子的模型输入，我们分别使用训练集和验证集作为"应用模型"的输入，得到模型在两个集合上的效果。注意，模型和相关自变量的重要性也可以作为结果输出到"result"。具体流程见图 4-4。

4.3.3　结果分析

评价指标

常用的二分类模型评价指标包括混淆矩阵（confusion matrix）及其相关指标，包括 P-R 曲线（对应曲线下面积（AUC）叫 AP 分数）、F1 值（精确率和召回率的调和平均）以及 ROC（Receiver Operating Characteristic，接收者操作特征）。Sophon 也提供了一些常见的二分类评价指标，包括混淆矩阵、P-R 曲线、ROC 曲线、Lift 曲线、K-S 曲线。在从"性能"（二分类）算子返回的结果中可以看到。

❑ 混淆矩阵：调整阈值，混淆矩阵中的数值也会随之改变，你可以根据需要点击选择最优阈值（如图 4-5 所示）。

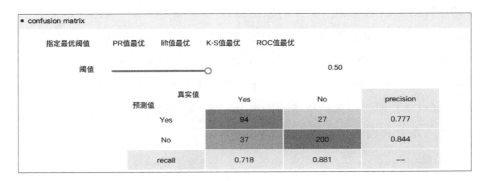

图 4-5 混淆矩阵示例

❑ ROC 曲线：通过改变阈值，我们会得到不同的真正类率（True Positive Rate，TPR）和假正类率（False Positive Rate，FPR）的值，将其分别作为横轴和纵轴，可以绘制出一条 ROC 曲线（如图 4-6 所示）。当模型的排序能力（而不是概率值的绝对大小）更重要时，我们常常会选择 ROC 曲线（AUC）作为我们

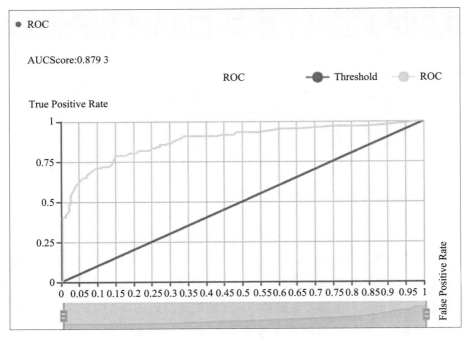

图 4-6 ROC 曲线

的评价指标。ROC 和 AUC 的数学原理可以参考文献［24］，非常容易证明，AUC 实际就是非参数（无分布假定）领域中十分常用的 Wilcoxon 统计量的某种线性变换，是用于检验两个样本是否来自同一分布的重要统计量。

❑ P-R 曲线：通过改变阈值，我们可以得到不同的 P-R（Precision-Recall，精确率-召回率）曲线，我们把横轴作为 Recall，把纵轴作为 Precision，那么便可以画出一条 P-R 曲线（如图 4-7 所示）。

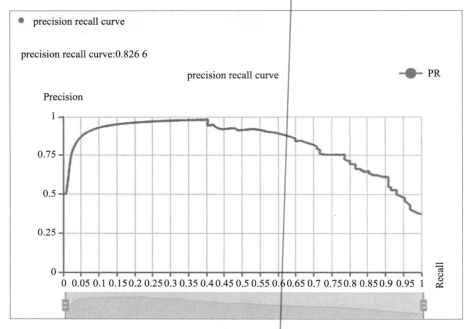

图 4-7　P-R 曲线

❑ Lift 曲线：我们定义 Lift 为

$$\text{Lift} = \frac{\text{真正类率}}{\text{样本正类率}}$$

其中样本正类率（Sample Positive Rate）就是样本中的正例占比，可以这样理解 Lift：在使用模型后，从预测正样本中挑选正样本的命中率（真正类率）提高了。Lift 曲线右半部分越陡峭（Lift 曲线越靠近图 4-8 中直线），命中正样本的效果越好。Lift 曲线的横坐标是 Dataset%，就是样本中被预测成正例的比例。当阈值足够小时，几乎所有的观测值都会被当成正例，此时横轴上 Dataset％＝1，这时 Lift 的值就接近于 1；当阈值足够大时，很少的观测值被当成正例，此时横轴上 Dataset％接近 0，但 TPR 很大并且接近 1，那么 Lift 的取值接近$\frac{1}{样本正类率}$。

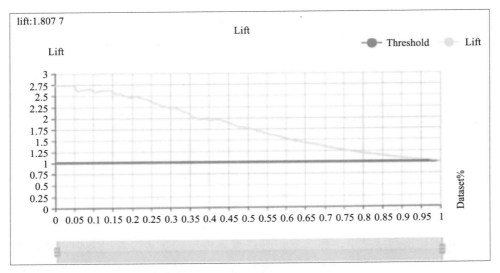

图 4-8　Lift 曲线

❑ K-S 曲线：用来表征不同阈值对应的不同正（负）样本占全部正（负）样本的比例。因此 K-S 曲线会把预测为正的概率由高到低降序排列，将从 1 到 0 的不同阈值作为横轴，TPR 和 FPR 的值作为纵轴（取值范围都是 0 到 1），可以绘制出两条曲线。在图 4-9 中能够很容易地看出阈值对评价指标的影响。K-S 曲线可以衍生出 KS 值，KS＝max(PCF－NCF)$^{\ominus}$，即是两条曲线之间的最大间隔距离。diff 曲线为在同一阈值下 TPR 与 FPR 的差值所做出的一条曲线，KS 值越大表示模型的区分能力越强，对应图 4-9 中 diff 曲线的最高点。

注记 4.2：K-S 曲线
　　图 4-9 中 K-S 曲线的横轴是预测为正的概率，其由低到高按升序排列。

⊖　其中 PCF 代表正样本的累积频率，NCF 代表负样本的累积频率。

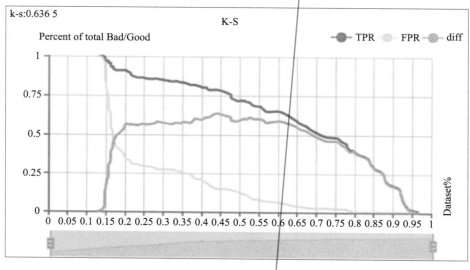

图 4-9　K-S 曲线

模型概述

如果模型输出到结果中，那么我们可以看到模型的参数设置以及训练的结果。以随机森林为例，我们可以看到训练的每棵树的节点选择，以及参数的重要性评价（如图 4-10 和图 4-11 所示）。

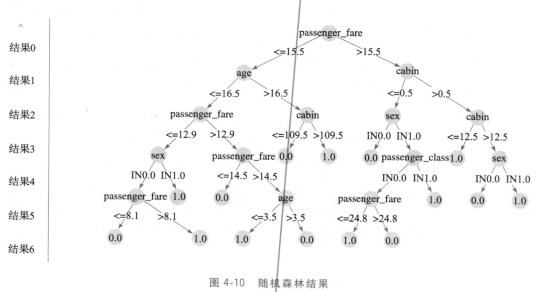

图 4-10　随机森林结果

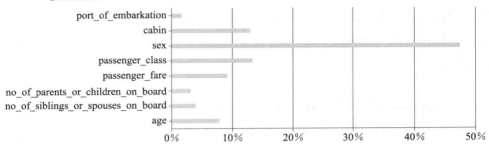

图 4-11   随机森林重要性的结果

4.4   本章小结

本章首先对分类任务进行概述，让读者了解分类任务在现实中的广泛应用，以及机器学习领域针对分类模型的几种分类方法。

本章也对几种常见的分类算法做了回顾，由于逻辑回归、因子分解机和 XGBoost 在实际生产和机器学习比赛中的使用频率都非常高，因此我们强烈建议读者阅读相关资料以掌握这几种方法的原理。

除了本章提到的几类算法之外，分类任务还有许多其他的算法，诸如 K 最近邻（KNN）算法、支撑向量机（SVM）、核方法（kernel method）等。图 4-12 中我们选择性地列出本章提到的算法的一个分类。

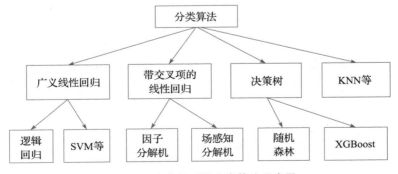

图 4-12   本章提到的分类算法示意图

特别地，我们推荐读者阅读数据预处理和特征工程等相关章节，因为建模中往往结合使用这些技术。很多时候，对模型效果影响最大的是特征的选择和处理，特别是一些需要结合先验知识的领域。Sophon 提供了自动特征工程的功能，它可以和分类任务结合使用。

4.3 节使用随机森林算法完成了 Titanic 数据集的分类任务，至此读者应该能够熟悉在 Sophon 上对分类任务建模的标准流程。

最后需要强调的是，在分类任务问题中，初学者常常忽略模型评价指标的重要性，而只关心模型的精确率或者召回率。事实上，对于建模比赛来说这或许是足够的（因为通常少有标签不够或者不平衡的问题）；但在真正的实际应用中，必须和问题的收益成本以及算法的可实施性挂钩，例如，我们需要充分考虑一个模型的复杂度、稳健性，并且创建测试以评估数据流的分布是否随时间发生了变化等。希望读者在阅读本章时充分意识到现实任务的复杂性，而不是止步于书中的模型。

第 5 章

模 型 融 合

5.1 集成学习理论

5.1.1 集成学习基本概念

集成学习方法使用多种学习算法来生成多个模型,以获得比单独学习算法更好的预测性能。模型集合仅由一组具体且有限的可替代模型组成,但通常是可以替换和扩展的。它相比独立模型具有更大的灵活性。在实践中,一些集成算法(如 Bagging 算法)可用于减少对训练数据过拟合等问题,可用于分类问题集成、回归问题集成、特征选取集成以及异常点检测集成等。

集成学习有两个主要的问题需要解决:第一是如何得到若干个个体学习器;第二是如何选择一种结合策略,将这些弱学习器集合成一个强学习器。

5.1.2 个体学习器

个体学习器通常是借助一个现有的学习算法从训练数据中产生,例如 C4.5 决策树算法、BP 神经网络算法等。所使用的学习器一般都是弱学习器,弱学习器常指泛化性能略优于随机猜测的学习器,例如在二分类问题中精度略高于 50% 的分类器。若集成中只包含同种类型的个体学习器,例如 "决策树集成" 中的个体学习器全是决策树,而"神经网络集成"中则全是神经网络，那么这样的集成是同质（homogeneous）的，同质集成中的个体学习器也称为基学习器（base learner），相应的学习算法称为基学习算法（base learning algorithm）。相反，同时也有异质（heterogeneous）学习的概念：若集成中包含不同类型的个体学习器，例如同时包含决策树和神经网络，那么这时个体学习器一般不称为基学习器，而称作组件学习器（component leaner）或直接称作个体学习器。

根据经验，当基学习器模型之间存在显著差异时，集成学习往往会产生更好的结果。这点在诸多机器学习比赛和实际应用中也得到了验证。这里潜在的原因在于许多集成方法试图增加它们组合的模型之间的多样性。尽管可能不直观，但更随机的算法（如随机决策树）可用于产生比规则依赖和决定性的算法（如熵减少决策树）更强大的集成模型。

5.1.3　基学习器集成

在一般的经验中，如果把好坏不等的东西掺在一起，那么通常的结果会比坏的好一些而比最好的坏一些。如此便会造成一个困惑：集成学习把多个学习器结合起来，如何能够获得比最好的单一学习器更好的性能？考虑如下的一个例子：在二分类问题中，假设我们已经拥有了三个基学习器，且集成学习的结果是通过投票法获得的，即少数服从多数。那么有如下三种情况：

- □ 所有基学习器的预测结果都一样。显然，这种情况下集成是徒劳无功的，因为所有的基学习器都指向一个答案，如此可见，集成学习的基学习器需要异质化。
- □ 大部分基学习器的预测结果是错误的。因为最终的集成策略是"少数服从多数"，所以预测结果受大部分糟糕的基学习器影响，精度反倒不如好一些的基学习器。
- □ 大部分基学习器的预测结果是正确的。显然，这种情况下根据集成规则，预测精度较基学习器有所提高。

　　这个简单的例子显示：要想获得较好的集成模型，个体学习器应该"好而不同"，即个体学习器需要有一定的准确性以及多样性，学习器间应该存在差异。使用二分类问题进行简单的分析：

$$y \in \{-1, +1\}$$

和真实函数 $f(.)$，假定基分类器的错误率为 ε，即对每个基分类器 h_i 有：

$$P(h_i(x) \neq f(x)) = \varepsilon$$

　　假设集成通过简单投票法结合 T 个基分类器，若有超过半数的基分类器正确，则集成分类就正确：

$$H(x) = \text{sign}\Big(\sum_{i=1}^{T} h_i(x) \Big)$$

假设基分类器的错误率相互独立，则由 Hoeffding 不等式可知，集成的错误率为：

$$P(H(x) \neq f(x)) = \sum_{k=0}^{[T/2]} \begin{bmatrix} T \\ k \end{bmatrix} (1-\varepsilon)^k \varepsilon^{T-k}$$

$$\leqslant \exp\Big(-\frac{1}{2} T(1-2\varepsilon)^2 \Big) \tag{5.1}$$

上式表明，随着集成中个体分类器数目 T 的增大，集成模型的错误率将呈指数级地下降，最终趋于 0。然而必须注意到的是，上面的分析有一个关键假设：基学习器的误差相互独立。而在现实任务中，个体学习器是为解决同一个问题而训练出来的，它们显然不可能完全相互独立。事实上，个体学习器的"准确性"和"多样性"本身就存在冲突，一般来说，准确性很高之后，要增加多样性就需要牺牲准确性。事实上，如何产生并结合"好而不同"的个体学习器，恰恰是集成学习研究的核心。

5.1.4　常用的集成学习方法

　　常用的集成学习方法可以分为两类：Bagging 和 Boosting。

注记 5.1：关于 Stacking 的说明

Stacking 作为一种常见的方法，并不属于本节的内容。我们会在下一节"常用融合方法"中进行详细介绍。

Bagging

由上述集成学习理论可知，欲得到泛化性能强的集成，集成中个体学习器应尽可能独立。虽然完全独立在现实情况下无法做到，但是可以设法使基学习器尽可能具有较大差异，给定一个训练数据集，一种可能的做法是对训练样本进行采样，产生出若干个不同的子集，再从每个数据子集中训练出一个基学习器。这样由于训练数据的不同，我们获得的基学习器可以具有比较大的差异。然而，为了获得更好的集成，我们还希望个体学习器不能太差。如果采样子集显著小于原数据集大小，那么将不可避免地得到性能较差的基模型。

Bagging 是著名的并行式集成学习方法，其基于自助采样法，对于一个大小为 M 的总样本集，我们通过有放回采样得到 T 个大小为 M 的样本子集。通过 T 个样本子集分别训练生成 T 个个体学习器。假设对样本总共进行了 k 次采样，那么原始样本始终不被采到的概率是 $\left(1-\dfrac{1}{k}\right)^k$，取极限可以得到：

$$\lim_{k \to +\infty}\left(1-\frac{1}{k}\right)^k = \frac{1}{e} \approx 0.368$$

这说明，在自助采样法中永远有 36.8% 的数据未被采样，这些数据可以作为"袋外数据"来评估 Bagging 方法的泛化误差。最终进行集成时，如果是分类任务则可以采用投票法，而如果是回归任务，则采用平均法。从偏差-方差分解的角度看，Bagging 主要关注降低方差（防止过拟合），因此它在不剪枝决策树、神经网络等容易受样本扰动的学习器上效用更为明显。图 5-1 展示了 Bagging 模型的训练过程。

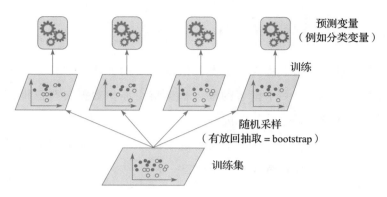

图 5-1 Bagging 模型训练过程[22]

Bagging 的算法描述如算法 1 所示。

算法 1 Bagging 的算法描述

输入：训练集 $D = \{(x_1, y_1), (x_2, y_2), \cdots, (x_N, y_N)\}$；基学习器算法 f；基学习器数量 T。

过程

步骤 1：训练

　　　 while $(t \in \{1, \cdots, T\}$ do

　　　 进行有放回采样得到子数据集 t_i

　　　 利用数据集进行子模型训练 $f_i = f(t_i)$

　　　 end while

步骤 2：对子模型进行集成

　　　 对于分类任务，输出 $F(\boldsymbol{x}) = \underset{y \in Y}{\mathrm{argmax}} \sum_{t=1}^{T} I(f_t(\boldsymbol{x}) = y)$

　　　 对于回归任务，输出 $F(\boldsymbol{x}) = \dfrac{1}{T} \sum_{t=1}^{T} f_t(\boldsymbol{x})$

　　随机森林（Random Forest，RF）是 Bagging 方法的一个扩展变体，RF 在以决策树为基学习器构建 Bagging 的基础上，引入了随机特征的选择，即在每个决策树上选择划分属性时，先在当前可划分属性集中选择一个子集，再在这个子集中选择合适的特征进行划分，这样随机森林不仅有了样本采样带来的扰动，更有了属性扰动，模型差异性得以进一步提升。随机森林方法简单，计算开销小，具有可并行化优势，且在很多现实任务中表现出了强大的性能。

Boosting

Boosting 方法是一种用来提高弱分类算法准确度的方法，这种方法需要有序地训练一个模型集合，其中，下一个模型的输入数据集由原始数据集与已训练好的模型共同决定。最后将它们组合成一个集成模型。如图 5-2 所示为 AdaBoost 模型（一种 Boosting 方法）的训练过程，前序模型预测错误的样本在当前模型训练时能获得更高的权重，这些基学习器串联训练并最终组合在一起。

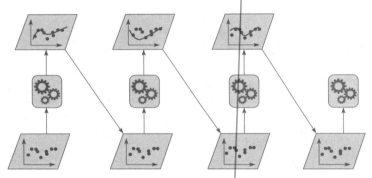

图 5-2　AdaBoost 模型训练过程[22]

Boosting 方法可以用前向分步算法描述。考虑加法模型（additive model）：

$$f(\boldsymbol{x}) = \sum_{m=1}^{M} \beta_m b(\boldsymbol{x}; \gamma_m) \tag{5.2}$$

其中，$b(\boldsymbol{x}; \gamma_m)$ 为基函数，γ_m 基函数的参数，β_m 为基函数的系数。

在给定的训练数据及损失函数以 $L(y, f(x))$ 的条件下，学习加法模型 $f(\boldsymbol{x})$ 成为损失函数最小化问题：

$$\min_{\beta_m, \gamma_m} \sum_{i=1}^{N} L\left(y_i, \sum_{m=1}^{M} \beta_m b(\boldsymbol{x}; \gamma_m)\right)$$

通常这是一个复杂的优化问题，前向分步算法求解这一优化问题的想法是：因为学习的是加法模型，所以，如果能够从前向后，每一步只学习一个基函数及其系数，逐步逼近优化目标函数式，那么就可以简化优化复杂度。具体来说，每一步只需要优化如下损失函数：

$$\min_{\beta,\gamma} \sum_{i=1}^{N} L\left(y_i, \beta b\left(x_i;\gamma\right)\right)$$

以二分类为例，给定训练数据集 $T=\{(x_1, y_1), (x_2, y_2), \cdots, (x_N, y_N)\}$，$x_i \in \chi \subseteq \mathbf{R}^n$，$y_i \in \gamma=\{-1, +1\}$，以及损失函数 $L(y, f(x))$ 和基函数的集合 $\{b(x; \gamma)\}$。

学习加法模型 $f(x)$ 的前向分步算法如算法 2 所示。

算法 2　学习加法模型 $f(x)$ 的前向分步算法
***
输入：训练数据集 $T=\{(x_1, y_1), (x_2, y_2), \cdots, (x_N, y_N)\}$；损失函数 $L(y, f(x))$ 和基函数 $b(x; \gamma)$。

输出：加法模型 $f(x)$

初始化：初始化 $f_0(x)=0$

      while $(m \in \{1, \cdots, M\})$ do

           极小化损失函数 $(\beta_m, \gamma_m) = \underset{\beta,\gamma}{\mathrm{argmin}} \sum_{i=1}^{N} L(y_i, f_{m-1}(x_i) + \beta b(x_i;\gamma))$

           得到参数 β_m，γ_m

           更新：$f_m(x) = f_{m-1} + \beta_m b(x; \gamma_m)$

      end while

      得到加法模型 $f(x) = f_M(x) = \sum_{m=1}^{M} \beta_m b(x; \gamma_m)$
***

根据上面的算法可知，当获得模型序列时，当前待学习基模型总是与前序模型相关。所以，Boosting 模型是串联模型。著名的 AdaBoost 方法可以理解成损失函数为指数函数、学习算法为前向分步算法以及任务为二分类的加法模型，而 GBDT 回归模型则可以理解成损失函数为均方差函数、学习算法为前向分步算法、基学习器为 CART 回归树以及任务为回归的加法模型。对于 GBDT 回归模型来说，由于其损失函数为均方差函数，因此在训练基学习器时，预测 label 始终是原始 label 与前序模型预测结果的残差，即是一个拟合残差的过程。综上所述，Boosting 模型通过迭代式地生成弱基分类器并集成它们来构造一个强分类器，这是一个逐步消除模型偏差的过程。

5.2　常用融合方法

5.2.1　平均法

针对数值输出问题，常见的方法便是平均法。通常有简单平均法以及加权平均法。加权平均法的权重是从训练数据中学习而得，现实任务中的训练样本通常不充分或存在噪声，使得学习的权重不一定可靠。因此，一般在个体学习器性能相差较大时宜采用加权平均法，而在个体学习器性能相近时使用简单平均法。

投票法

对于分类问题，常用投票法。常见的有三种投票法：

❑ 绝对多数投票法：N 个分类器对类别 i 的预测结果若大于总投票结果的一半，那么就预测是类别 i，否则就拒绝预测。

❑ 相对多数投票法：得票最多的那个类别为预测类别。

❑ 加权投票法：在分类任务中，个体学习器的输出有两种形式：一个是类标记（如决策树），使用类标记的投票称为硬投票；一个是类概率（如贝叶斯分类器），使用类概率的投票称为软投票。

5.2.2　学习法

当训练数据很多时，一种更为强大的结合策略是使用"学习法"，即通过另一个学习器来进行结合。Stacking 方法是学习法的典型代表，这里我们把个体学习器（基学习器）称为初级学习器，用于结合的学习器称为次级学习器或元学习器。图 5-3 展示了 Stacking 方法的学习过程。

数据首先通过采样与训练得到了三个预测结果，各个预测结果的输出分别为 3.1、2.7 以及

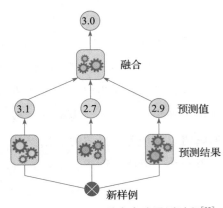

图 5-3　Stacking 融合方法预测过程[22]

2.9，这三个输出再作为特征输入到 Blending（融合，亦为预测模型）中进行最终的预测，这便是 Stacking 融合方法。

5.3 使用 Sophon 进行模型融合

5.3.1 场景与数据集介绍

本实验使用著名的 Iris 数据集，该场景为：给出当前花的性状，判断是哪种鸢尾花。原数据集 label 有三个分类，为了简化展示流程，去除 label 是 "Iris-setosa" 的数据，剩余数据为 100 条。此时该问题是一个二分类问题。Iris 的数据集可以通过在左侧"搜索"中搜索"Iris"找到，点击 Iris 数据集，可以在右侧参数设置中找到列名和对应列名的类型。数据列出了每种花对应的特征信息。你也可以直接将数据算子的"output"接口接到"result"上以观察输出结果。Iris 数据集描述如表 5-1 所示。

表 5-1 Iris 数据集属性

列名	角色	数据类型
id	feature	bigInt
a1	feature	Double
a2	feature	Double
a3	feature	Double
a4	feature	Double
label	feature	String

5.3.2 建模过程

通过对比单模型预测与模型融合预测来比较二者在预测精度上的优劣。

单模型建模

首先是单模型的建模过程，如图 5-4 所示。模型建模过程分为数据预处理、模型训练、应用模型和性能评估四个部分。

- ❑ 数据预处理
  - 数据预处理包含 SQL 转换、选择属性、设置角色、字符串索引以及样本切分等算子。
  - 在 SQL 转换算子中提取出 label 不等于 "Iris-setosa" 的数据，共 100 条，将问题转化为二分类问题。
  - 输入数据中包含 id 列，在该问题中 id 列属于无效特征列，利用选择属性算子删除该列。

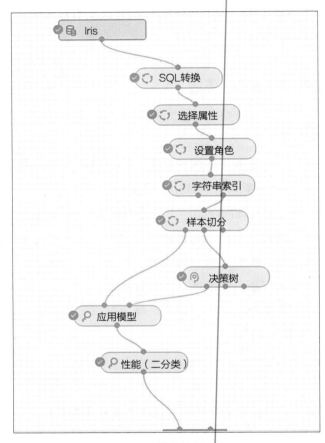

图 5-4　决策树建模过程

- label 列的角色是 feature，需要通过设置角色算子将其角色修改为 label 才能进行模型训练。
- label 列的数据类型是 string，无法进行计算，需要通过字符串索引算子将其索引成 Double 属性。
- 利用样本切分算子将数据切分为训练集与验证集，比例为 7∶3，训练集用以训练模型，验证集用以验证模型性能。

❑ 模型训练：训练集数据经过处理后输入到决策树模型中，即可进行训练，训练可以选取默认参数，也可以按照帮助手册调整参数设置。

❑ 应用模型：将样本切分后的验证集数据，以及决策树"model"端口的数据（即训练好的模型）输入到应用模型算子中，即可应用模型对验证集进行预测，以生成 prediction 列。

❑ 性能评估：将应用模型后的结果输入到性能评估中，系统将自动对角色为 prediction 和 label 的列进行计算，以评估二分类算子的性能。结果分别展示为混淆矩阵和 ROC 曲线。

模型融合方法建模

模型融合方法建模过程如图 5-5 和图 5-6 所示，具体而言，图 5-5 为模型融合建模过程，而图 5-6 为模型融合子流程。

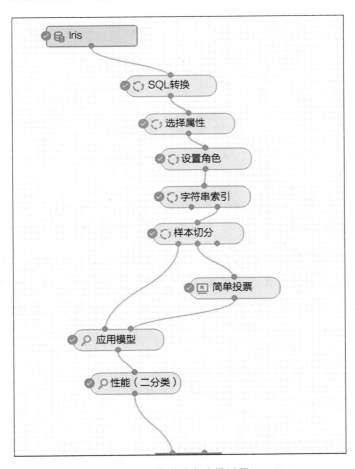

图 5-5　模型融合建模过程

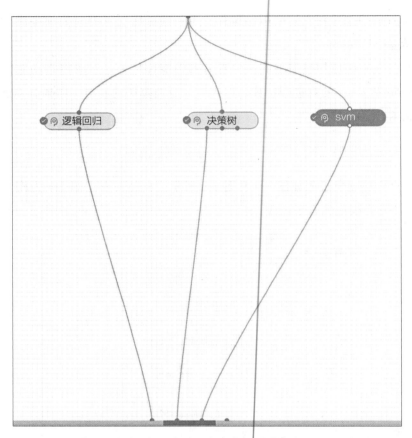

图 5-6　模型融合子流程：整合逻辑回归、决策树与 SVM 三个模型

　　可以看出模型融合建模过程与单模型建模过程无区别。因为是二分类问题，所以选择模型融合中的简单投票算子。双击简单投票算子，跳转到子流程界面，如图 5-6 所示，应用了三个不同的模型，即逻辑回归、决策树与 SVM 算子。最后点击运行模型即可看到性能评估结果。

5.3.3　结果分析

单模型性能

　　图 5-7 显示单模型分类的性能分为两部分：混淆矩阵与 ROC 曲线。混淆矩阵与 ROC 曲线的介绍详见分类模型相关章节。

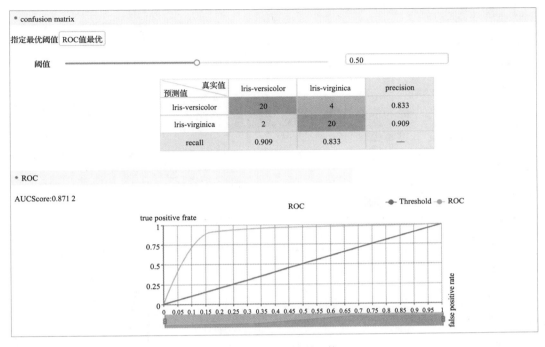

图 5-7　决策树模型评估

模型融合性能

图 5-8 展示了模型融合分类的性能。可见，集成模型能有效提升建模的精度，降低模型的方差或偏差，提升模型的精确性与泛化性。

5.4　本章小结

本章首先介绍了集成模型的相关理论，包括基学习器及其集成。在集成模型的研究和使用中，最重要的一点是文中反复强调的：基学习器要"好而不同"。

之后，5.1.4 节介绍了著名的 Boosting 方法和 Bagging 方法相关的理论、建模过程、各自的优缺点等。最后通过对 Iris 数据集进行单模型和模型融合建模以及模型验证，得知集成模型能够更好地解决模型方差或偏差问题，提高模型的泛化性，更好地解决实际问题。我们简要回顾一下集成学习的流程图来加深印象（如图 5-9 所示）。

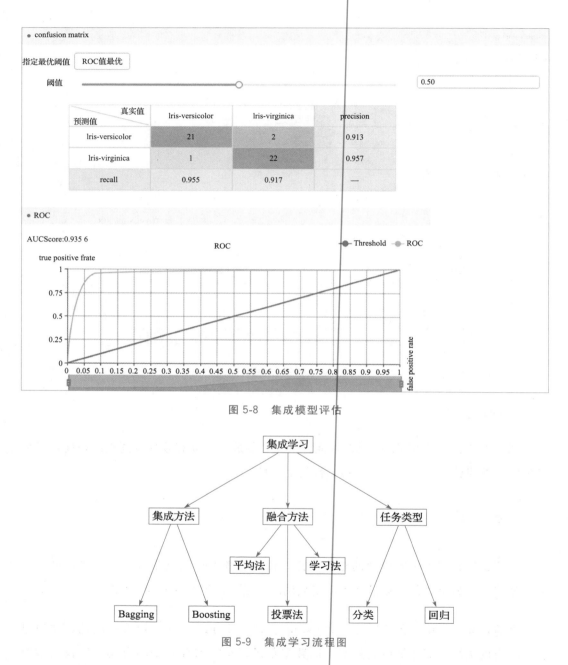

图 5-8   集成模型评估

图 5-9   集成学习流程图

更多的参考内容请阅读文献［23，31，43，55，54，22］。集成模型是一个实战性很强的问题，读者可以根据所讲解的理论和示例在项目中进行实际应用，并积累经验。

第 6 章

聚 类 模 型

6.1 聚类任务概述

随着信息技术和计算机技术的迅猛发展，人们面临着越来越多的文本、图像、视频以及音频数据，为帮助用户从这些大量数据中分析出其间所蕴含的有价值的知识，数据挖掘（Data Mining，DM）技术应运而生。所谓数据挖掘，就是从大量无序的数据中发现隐含的、有效的、有价值的、可理解的模式，进而发现有用的知识，并得出时间的趋向和关联，为用户提供问题求解层次的决策支持能力。与此同时，聚类作为数据挖掘的主要方法之一，也越来越引起人们的关注。

聚类是一种常见的数据分析工具，其目的是把大量数据点的集合分成若干类，使得每个类中的数据最大限度地相似，而不同类中的数据最大限度地不同。在多媒体信息检索及数据挖掘的过程中，聚类处理对于建立高效的数据库索引、实现快速准确的信息检索来说具有重要的理论和现实意义。

在 Sophon 中也包含了常见的几种聚类算法，如 K-Means、Fuzzy C-Means、Canopy 和高斯混合聚类，可以满足绝大多数聚类场景下的需求。下面就这四种聚类算法进行详细介绍。

6.2 聚类算法原理

6.2.1 K-Means

算法简介

K-Means 是最简单的聚类算法之一，但是运用十分广泛。最近在工作中也经常遇到这个算法。K-Means 一般在数据分析前期使用，选取适当的 k，将数据分类，然后分别研究不同聚类下数据的特点。

K-Means 聚类算法是先随机选取 k 个对象作为初始的聚类中心。然后计算每个对象与各个种子聚类中心之间的距离，把每个对象分配给距离它最近的聚类中心。聚类中心以及分配给它们的对象就代表一个聚类。一旦全部对象都被分配了，那么每个聚类的聚类中心都会根据聚类中现有的对象被重新计算。这个过程将不断重复直到满足某个终止条件。终止条件可以是没有（或最小数目）对象被重新分配给不同的聚类，没有（或最小数目）聚类中心再发生变化，或者误差平方和局部最小。

注记 6.1：K-Means 的算法流程

K-Means 的算法流程如下：

1. 随机选取 k 个中心点。
2. 遍历所有数据，将每个数据划分到最近的中心点。
3. 计算每个聚类的平均值，并作为新的中心点。
4. 重复 2~3，直到这 k 个中心点不再变化（收敛了），或执行了足够多的迭代。

- 时间复杂度：$O(I \times n \times k \times m)$
- 空间复杂度：$O(n \times m)$

其中 m 为每个元素字段个数，n 为数据量，I 为迭代次数。一般 I、k、m 均可看作常量，所以时间和空间复杂度可以简化为 $O(n)$，即线性的。

算法优缺点

K-Means 作为基准算法，具有比较鲜明的算法优缺点，具体总结如下。

（1）优点

☐ K-Means 算法是解决聚类问题的一种经典算法，算法简单、快速。

☐ 对于处理大数据集来说，该算法是相对可伸缩的、高效率的，因为它的复杂度大约是 $O(nkt)$，其中 n 是所有对象的数目，k 是簇的数目，t 是迭代的次数，通常 $k \ll n$。这个算法通常局部收敛。

☐ 算法尝试找出使平方误差函数值最小的 k 个划分。当簇是密集的、球状或团状的，且簇与簇之间区别明显时，聚类效果较好。

（2）缺点

☐ K-Means 方法只有在簇的平均值被定义的情况下才能使用，且对有些分类属性的数据不适合。

☐ 要求用户必须事先给出要生成的簇的数目 k。

☐ 对初值敏感。对于不同的初始值来说，可能会导致不同的聚类结果。

☐ 不适合于发现非凸面形状的簇，或者大小差别很大的簇。

☐ 对"噪声"和孤立点数据敏感，少量的该类数据能够对平均值产生极大影响。

6.2.2 模糊 C 均值

算法简介

模糊 C 均值（Fuzzy C-Means，FCM）聚类，即众所周知的模糊 ISODATA，是用隶属度确定每个数据点属于某个聚类的程度的一种聚类算法。1973 年，Bezdek 提出了该算法，作为早期硬 C 均值（HCM）聚类方法的一种改进。

FCM 算法是一种基于划分的聚类算法，它的思想就是使被划分到同一簇的对象之间相似度最大，而不同簇之间的相似度最小。模糊 C 均值算法是普通 C 均值算法的改进，普通 C 均值算法对于数据的划分来说是硬性的，而 FCM 则是一种柔性的模糊划分。模糊是这个算法的重点和特点，模糊就是不确定的。拿人来举例子：人的年龄，一个人 20 岁就是 20 岁，18 岁就是 18 岁，所以人的年龄是确定的；人的外貌是不确定的，一个人漂亮不漂亮没办法直接给出一个确定的答复，只能说 0.8 分漂亮，0.2 分不漂亮，这就是模糊。

FCM 把 n 个向量 $x_i (i=1, 2, \cdots, n)$ 分为 c 个模糊组，并求每组的聚类中心，使得非相似性指标的价值函数达到最小。FCM 与 HCM 的主要区别在于 FCM 用模糊划分，使得每个给定数据点用值在 0 到 1 之间的隶属度来确定其属于各个组的程度。与引入模糊划分相适应，隶属矩阵 U 允许有取值在 0 到 1 之间的元素。

注记 6.2：FCM 的算法流程

FCM 的算法流程如下：

1. 标准化数据矩阵。

2. 建立模糊相似矩阵，初始化隶属矩阵。

3. 算法开始迭代，直到目标函数收敛到极小值。

4. 根据迭代结果，由最后的隶属矩阵确定数据所属的类，显示最后的聚类结果。

算法优缺点

FCM 算法和 K-Means 算法具有相似的优缺点。

（1）优点

- 比起前面的"硬聚类"，FCM 方法会计算每个样本对所有类的隶属度，这给了我们一个参考该样本分类结果可靠性的计算方法。
- 算法尝试找出使平方误差函数值最小的 k 个划分。当簇是密集的、球状或团状的，且簇与簇之间区别明显时，聚类效果较好。

（2）缺点

- 算法在分类时要求用户必须事先给出要生成的簇的数目 k。

❑ 对初值敏感，对于不同的初始值来说，可能会导致不同的聚类结果。

❑ 不适合于发现非凸面形状的簇，或者大小差别很大的簇。

❑ 对 "噪声" 和孤立点数据敏感，少量的该类数据能够对平均值产生极大影响。

6.2.3　Canopy

算法简介

Canopy 算法与传统的聚类算法（比如 K-Means）不同，Canopy 聚类最大的特点是不需要事先指定 k 值（即 clusters 的个数），因此具有很大的实际应用价值。与其他聚类算法相比，Canopy 聚类虽然精度较低，但其在速度上有很大优势，因此可以使用 Canopy 聚类先对数据进行 "粗" 聚类，得到 k 值后再使用 K-Means 进行进一步的 "细" 聚类。Canopy 算法需要选择两个距离阈值：T1 和 T2，其中 T1＞T2。

算法示意图如图 6-1 所示。图中有一个 T1 和一个 T2，我们称之为距离阈值（T1＞T2）。首先确定一个中心，然后计算其他点到这个中心的距离，会有三种情况：

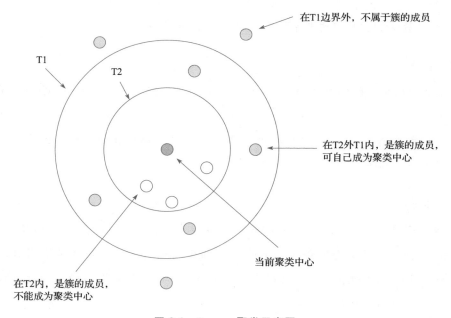

图 6-1　Canopy 聚类示意图

距离大于等于 T1，距离小于 T1 大于等于 T2，距离小于 T2。针对这三种情况，对这个点的处理都是不一样的。具体作用可以参见下面的算法流程。

注记 6.3：Canopy 的算法流程

输入：一组存放在数组里面的数据 D

1. 给定距离阈值 T1 和 T2，且 T1>T2。

2. 随机取 D 中的一个数据 d 作为中心，并将 d 从 D 中移除。

3. 计算 D 中所有点到 d 的距离 distance。

4. 将所有 distance<T1 的点都归入 d 为中心的 canopyl 类中（注意，小于 T2 的也是小于 T1 的，也要归入 canopyl 中）。

5. 将所有 distance<T2 的点，都从 D 中移除。

6. 重复步骤 2~5，直到 D 为空，形成多个 canopy 类。

算法优缺点

Canopy 算法的优缺点也非常明显，具体总结如下。

（1）优点

❑ 将 Canopy 选择出来的每个 Canopy 的中心点作为 K-Means 初始中心点比较科学。

❑ 只是针对每个 Canopy 的内容做 K-Means 聚类，减少相似计算的数量。

❑ Canopy 算法简单快速。

（2）缺点

❑ 算法中 T1、T2（T2<T1）的确定问题（当 T1 过大时，会使许多点属于多个 Canopy，可能会造成各个簇的中心点间距离较近，各簇间区别不明显；当 T2 过大时，增加强标记数据点的数量，会减少簇的个数；T2 过小，则会增加簇的个数，同时增加计算时间）。

❑ 只能得到数据的粗聚类（需要与其他算法聚类相结合）。

6.2.4 高斯混合

算法简介

高斯混合模型（Gaussian Mixture Model，GMM）是一种概率式的聚类方法，属于生成式模型，它假设所有的数据样本都是由某一个给定参数的多元高斯分布所生成的。具体地，给定类个数 K，对于给定样本空间中的样本 X，一个高斯混合模型的概率密度函数可以用由 K 个多元高斯分布组合成的混合分布来表示：

$$p(x) = \sum_{i=1}^{K} \omega_i \cdot p(\boldsymbol{x} \mid \boldsymbol{\mu}_i, \boldsymbol{\Sigma}_i)$$

其中，$p(\boldsymbol{x} \mid \boldsymbol{\mu}, \boldsymbol{\Sigma})$ 是以 $\boldsymbol{\mu}$ 为均值向量、以 $\boldsymbol{\Sigma}$ 为协方差矩阵的多元高斯分布的概率密度函数。可以看出，高斯混合模型由 K 个不同的多元高斯分布共同组成，每一个分布被称为高斯混合模型中的一个成分（component），亦即第 i 个多元高斯分布在混合模型中的权重，且有 $\sum_{i=1}^{K} \omega_i = 1$。

假设已存在一个高斯混合模型，那么，样本空间中的样本的生成过程便是：以 ω_i，ω_2，ω_3，$\cdots$，ω_k 作为概率（实际上，权重可以直观理解成相应成分产生的样本占总样本的比例），选择出一个混合成分，根据该混合成分的概率密度函数，采样产生出相应的样本。那么，利用 GMM 进行聚类的过程是利用 GMM 生成数据样本的“逆过程”：给定聚类簇数 K，通过给定的数据集，以某一种参数估计的方法推导出每一个混合成分的参数（即均值向量 $\boldsymbol{\mu}$、协方差矩阵 $\boldsymbol{\Sigma}$ 和权重 ω），每一个多元高斯分布成分都对应于聚类后的一个簇。高斯混合模型在训练时使用了极大似然估计法，最大化以下对数似然函数：

$$\ell = \log \prod_{j=1}^{m} p(\boldsymbol{x}_j)$$

$$\ell = \sum_{j=1}^{m} \log \left(\sum_{i=1}^{K} \omega_i \cdot p(\boldsymbol{x}_j \mid \boldsymbol{\mu}_i, \boldsymbol{\Sigma}_i) \right)$$

显然，该优化式无法直接通过解析方程求得解，故可采用期望-最大化（Expectation-Maximization，EM）方法求解，具体过程略。

注记 6.4：GMM 的算法流程

1. 根据给定的 K 值，初始化 K 个多元高斯分布及其权重。

2. 根据贝叶斯定理，估计每个样本由每个成分生成的后验概率（EM 方法中的 E 步）。

3. 根据均值、协方差的定义以及第 2 步求出的后验概率，更新均值向量、协方差矩阵和权重（EM 方法中的 M 步）；重复 2~3 步，直到似然函数增加值已小于收敛阈值，或达到最大迭代次数。

4. 当参数估计过程完成后，对于每一个样本点，根据贝叶斯定理计算出其属于每一个簇的后验概率，并将样本划分到后验概率最大的簇上。

算法优缺点

GMM 是一个概率模型，所以其比较依赖数据，对数据变化也很敏感，但由于其概率模型的本质，它的适用范围还是比较广（比如可以用在密度估计中）。我们将模型的优缺点总结如下。

（1）优点
- GMM 不仅可以得到一个确定的分类标记，而且可以得到每个类的概率。
- GMM 算法可以对病态数据分布进行聚类（长条形）。
- GMM 算法不仅可用于聚类，还可用在概率密度估计上。

（2）缺点
- GMM 每一步迭代的计算量比较大，大于 K-Means。
- GMM 的求解办法基于 EM 算法，因此可能陷入局部极值。

6.3　聚类模型实例

本节主要分为以下几个部分，通过例子的形式来展示 Sophon 的分类器建模方法：场景介绍、建模过程和结果分析。

6.3.1　场景介绍

我们以 wine 数据集为例，对不同类型的葡萄酒进行聚类（流程图如图 6-2 所示）。这个数据集包含了对生长在意大利特定地区的葡萄酒进行化学分析的结果。通过对 wine 数据集进行聚类来介绍如何进行数据建模和分析。

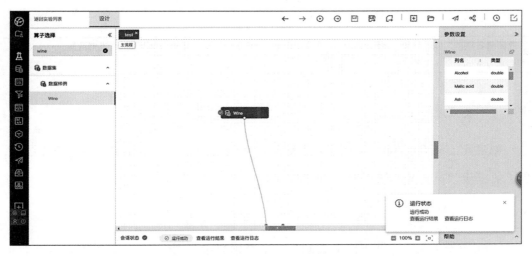

图 6-2　wine 数据集展示流程图

wine 数据集可以通过在左侧"搜索"中搜索"wine"找到，点击 wine 数据集，可以在右侧参数设置中找到列名和对应列名的类型。数据列出了每种葡萄酒对应的特征信息。你也可以直接将数据算子的"output"接口接到"result"上以观察输出结果（如图 6-3 所示）。

数据集基本信息如表 6-1 所示。

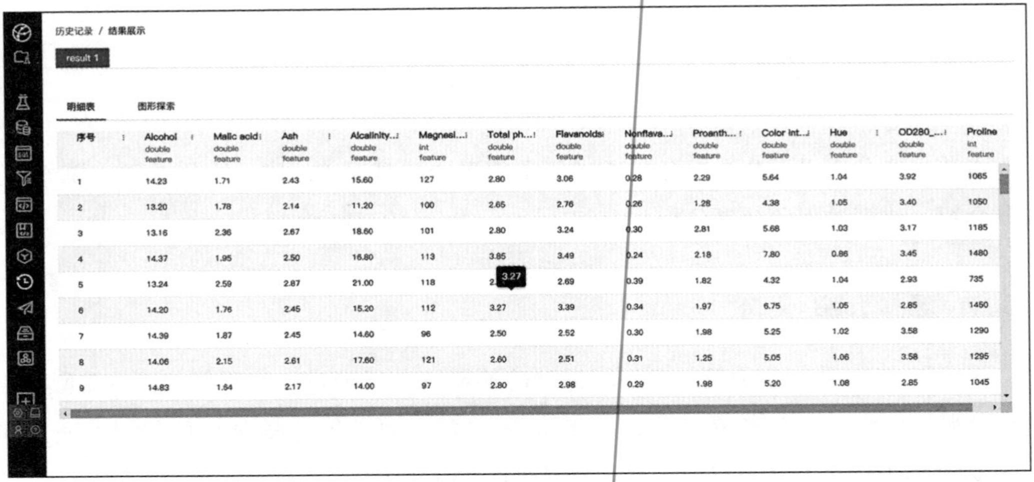

图 6-3   wine 数据集展示流程图运行结果

表 6-1   wine 数据基础信息

数据集名称	样本数量	特征维度	离散特征数	非零特征比	是否有缺失值	类别数量	大小
葡萄酒（Wine）	178	13	0	1	无	3	11KB

数据集来源

创建者：Stefan Aeberhard，电子邮件：stefan@coral.cs.jcu.edu.au，UCI 链接：http://archive.ics.uci.edu/ml/datasets/wine。

数据集介绍

wine 数据集包括三种不同的类别，三个类别数量分别是 59、71 和 48。这些数据是对意大利同一地区生长但来自三种不同品种的葡萄酒进行化学分析的结果。该分析确定了三种葡萄酒中每种葡萄酒所含有的 13 种成分的数量。

数据格式以及列信息

名称	数据类型	介绍
Class	离散型（Int）	葡萄酒的类别
Alcohol	连续型（Double）	酒精

（续）

名称	数据类型	介绍
Malic acid	连续型（Double）	苹果酸
Ash	连续型（Double）	灰分
Alcalinity of ash	连续型（Double）	灰分的碱性
Magnesium	连续型（Double）	镁
Total phenols	连续型（Double）	总酚类
Flavanoids	连续型（Double）	类黄酮
Nonflavanoid phenols	连续型（Double）	非黄烷类酚类
Proanthocyanins	连续型（Double）	原花青素
Color intensity	连续型（Double）	颜色强度
Hue	连续型（Double）	色调
OD280/OD315 of diluted wines	连续型（Double）	稀释葡萄酒的 OD280/OD315
Proline	连续型（Double）	脯氨酸

在当前场景中，我们可以把 Class 列去除，用处理后的数据集作为聚类的数据集。需要注意的是，当你在处理数据集时，有些属性可能是不需要的（此处我们需要除 Class 列之外的所有列）。

6.3.2 建模过程

角色设置

首先，正如我们在上一节中讲到，需要设置每一个变量的角色。由于本次实验我们需要对 wine 数据集进行聚类，所以只挑选需要的变量并设置为 feature，而不需要的（或者无关的）变量则可列出来作为额外变量。

此处我们选取除 Class 变量外的所有变量作为 feature 变量（Sophon 自带的 wine 数据集不包含 Class 列，所以只需要把其他变量设置为 feature——Sophon 中的变量默认为 feature，所以在本次试验中可以跳过角色设置这一步）。

替换缺失值

对于不同类型的自变量，要采取不同的替换缺失值的方式。这里我们对数值型的缺失值采取替换成 "median"（中位数）的方式，而对于字符串型的则替换成 "missing"。

选择替换成"missing"时，双击"替换缺失值"算子，在参数设置中，筛选类型"subset"，选择额外列，这里指的是需要被替换的列（你也可以勾选"反向选择"，在额外列中选择不想被替换的列）。

而选择替换成"median"时，对于混合类型的数据（既有数值型，又有字符串型），一般至少需要两次替换缺失值，一次替换数值型，一次替换字符串型。

由于本次实验中 wine 数据集变量都为数值型变量，因此只需要处理一次便可。图 6-4 展示了替换设置和缺失值替换的流程类型转换。

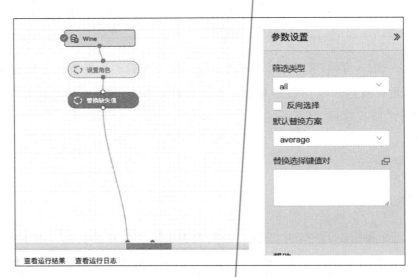

图 6-4　wine 数据替换设置和缺失值替换的流程

类型转换

由于聚类算法只能对数值型数据进行处理，因此我们需要在这一步对非数值型变量进行类型转换。

类型转换的方式有很多种，包括"独热编码"都可以用来对离散变量（Nominal Variable）进行操作；也可以采取字符串索引的方式，用变量值的出现频率顺序代替变量值（可以参见第 4 章中的实验样例）。

由于 wine 数据集中的变量为数值型变量（Double 类型），因此这一步不需要处理。

数据标准化

数据标准化（归一化）处理是数据挖掘的一项基础工作，不同评价指标往往具有不同的量纲和量纲单位，这样的情况会影响到数据分析的结果，为了消除指标之间量纲的影响，需要进行数据标准化处理，以解决数据指标之间的可比性。原始数据经过数据标准化处理后，各指标处于同一数量级，适合进行综合对比评价。相较于上一步类型转换对非数值型（离散型）变量进行处理，这一步是对数值型变量进行处理。

对于 wine 数据集，为了使其所有变量都处于同一数量级，我们需要在这一步对其进行归一化处理。因为我们需要对 wine 数据集中的所有变量进行归一化操作，所以列归一化算子参数筛选类型选择"all"，缩放类型选择"standard"，为了将变量归一化到标准差为 1 和平均值为 0，我们需要选中 withStd 和 withMean。Sophon 算子中的列归一化操作如图 6-5 所示。

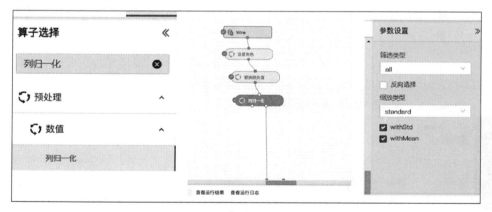

图 6-5　wine 数据列归一化流程图

训练模型和应用

有监督学习方法必须要有训练集与测试样本。在训练集中找规律，并对测试样本使用这种规律。而无监督学习没有训练集，只有一组数据，在该组数据集内寻找规律。由于聚类算法为无监督学习，因此我们不需要对 wine 数据集进行切分，而是直接进行对 wine 数据集的聚类分析（如图 6-6 所示）。我们以 K 均值（K-Means）为例，在对数据集进行处理后，我们需要对样本进行聚类，找到数据集中的中心点。K 均值算子输

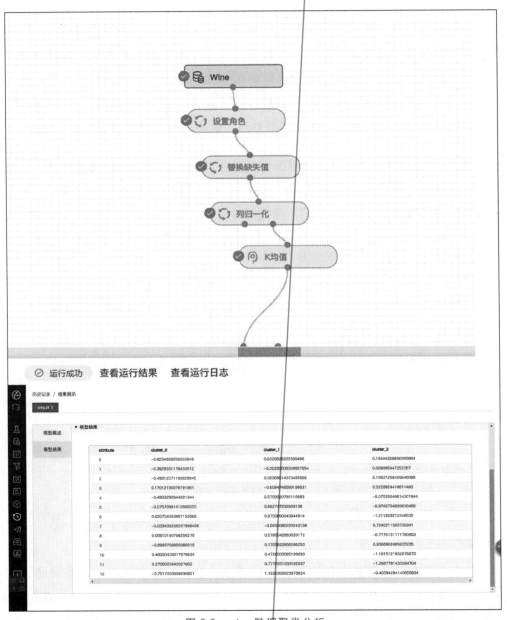

图 6-6　wine 数据聚类分析

入为处理后的数据集"train set"，输出为"model"，"model"作为"应用模型"算子的输入，我们需要使用这个 model 对其进行聚类分析。注意聚类出的中心点也会在"model"中有所展示。

K 均值聚类完整流程如图 6-7 所示。

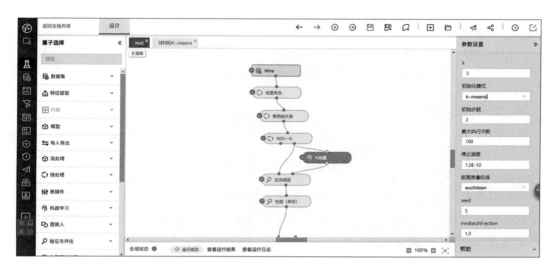

图 6-7　wine 数据聚类分析 K 均值聚类完整流程

6.3.3　结果分析

对于聚类模型评价指标，我们可以使用轮廓系数（Silhouette Coefficient），这是聚类效果好坏的一种评价方式，最早由 Peter J. Rousseeuw 于 1986 年提出。它结合了内聚度和分离度两种因素，可以用于在相同原始数据的基础上评价不同算法，或者评价算法的不同运行方式对聚类结果所产生的影响。轮廓系数的取值为 [−1，1]，其值越大越好。一个实战的例子可以参考 Kaggle 比赛的示例：Silhouette Coefficient。

6.4　本章小结

聚类分析指将物理或抽象对象的集合分组为由类似的对象组成的多个类的分析过程（如图 6-8 所示）。它是一种重要的人类行为。聚类分析的目标就是在相似的基础上收集数据来进行分类。聚类源于很多领域，包括数学、计算机科学、统计学、生物学和经济学。在不同的应用领域，很多聚类技术都得到了发展，这些技术方法被用来描述数据、衡量不同数据源间的相似性，以及把数据源分类到不同的簇中。

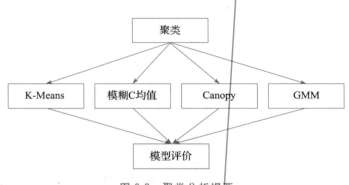

图 6-8　聚类分析提要

通过本章的学习，我们初步了解了几种常见的聚类算法及其在 Sophon 上的应用，不过要想对其做进一步的理解和应用，还需在算法原理和数据处理等方面进行深入学习，并在 Sophon 上多加练习。

第 7 章

图 计 算

　　图（graph）是一种刻画实体之间关系的数据结构，它广泛存在于日常事件所产生的事物数据中。例如，在金融领域产生的交易事件中，发生交易的两个人或账号可以看作是图上的两个节点，而交易记录可以看作是图上的边；在学术领域，文献表示为图上的节点，而文献间的引用关系可表示为边；对于社交网络来说，一个人或者账号表示一个节点，而其间的点赞、转发等行为则可以表示为边。

　　这些图包含了丰富的结构化宽度信息，例如节点的邻居信息、节点的中心性特征、节点周围的子结构信息等。这些信息很难使用传统方法从结构化数据中发掘，因此研究针对图结构的算法对于业务特征发现与应用建模来说有着十分重要的作用。本章将首先介绍图计算的背景和形式化描述，然后对包括传统图算法和深度图算法在内的多种常用算法进行说明，最后结合具体的反欺诈场景，给出一个在 Sophon 中应用图算法的完整示例。

7.1　背景和问题描述

　　图是一种广泛存在于实际应用中的结构化数据形式，也是数学中常用的一种数据类型，它由节点以及与节点相连的边构成，可以形式化地记为 $G = (V，E)$，其中 G、V、E 分别表示图、节点和边。

邻接矩阵是一种常用的表示图结构的方法，它是一个 $|V| * |V|$ 的方阵，方阵上的元素存储对应于节点之间边的权重信息，注意权重为 0 则表示节点不相连。例如图 7-1 表示一个典型的图结构，它包含 A～E 这 5 个节点和连接它们的 7 条边。

它的邻接矩阵如下：

$$G = \begin{bmatrix} 0 & 1 & 0 & 0 & 1 \\ 0 & 0 & 1 & 0 & 0 \\ 1 & 0 & 0 & 1 & 1 \\ 0 & 1 & 0 & 0 & 0 \\ 0 & 0 & 0 & 0 & 0 \end{bmatrix}$$

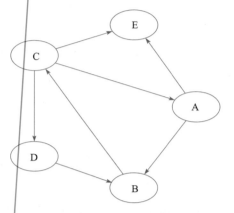

图 7-1　包含 A～E 这 5 个节点和连接它们的 7 条边的图结构

图有多种分类方式，根据边是否有权重，可以分为带权图和无权图，例如文章之间的引用关系是无权的，而账号之间的交易关系是带权的（金额信息）；根据边是否有携带方向信息，可以分为有向图和无向图，例如社交网络中的转发网络是有向的，而朋友关系网络是无向的；根据节点和边的不同类型的数量，可以分为同构图和异构图，同构图仅包含一个类型的节点和一个类型的边，而异构图包含多种类型的边和节点，例如多个人之间的电子邮件通信网络是同构图，它只包含账号这一类型的节点和通信这一类型的边，而像微博这样的社交网络则是异构图，它包含多种类型的边，包括账号之间的点赞关系、转发关系、粉丝关系等。通常来说，直接分析异构图的难度较大，实际应用中可以将其分解为同构子图或其他方式来处理。除上面几种分类方式外，还可以根据结构是否发生变化将图分为静态图和动态图，静态图的结构不随时间变化，而动态图的结构则是实变的，仍然以社交网络为例，朋友之间的关系实际上是经常会发生变化的，因此本质上来说它是一种动态图，但由于复杂性极高，在实际应用中通常会选取动态图中某一时间节点的静态信息作为静态图来研究。

由于图的广泛适用性，在数学与计算机领域，对图的研究一直是一个热门方向。在传统的图论中，已经对图结构的多种性质进行了研究，包括最短路径、子图划分、

哈密尔顿回路、环/中心等结构发现等[4]。这些研究重点聚焦于理论证明与生成精确解的算法发现，复杂度会达到 $O(|V|^2)$ 甚至 $O(|V|^3)$。

随着互联互通的信息时代的到来，各种类型的图在网络上生成，例如网页之间的应用关系图、社交网络等。这些图的一个显著特点就是量级非常大，节点量可以轻松达到亿甚至十亿级别，其中包含了海量的结构信息，设计合适的算法和系统以高效地处理这个量级的图吸引了来自学术界和工业界的注意，许多应用导向的大规模图算法被提出并被广泛应用。例如，如何利用网页之间的链接关系来衡量网页权重是搜索引擎中的一个基础问题，Google 的创始人为解决这个问题发明了 PageRank 算法，它利用一个网页邻居节点的 rank 值来更新自身的 rank 值，使用迭代稳定后的节点 rank 值作为其重要性依据，PageRank 在 Google 的网页排序中起到了巨大作用，也成了许多链接分析算法的基础[25,2]。

值得一提的是，将近些年来兴起的深度神经网络应用到图结构上也成了目前学术界和工业界的热潮。其典型的代表便是 LINE、GraphSAGE 等图嵌入（graph embedding）方法。它们通过编码节点和图结构信息，将图节点映射为一个低维向量，在诸如节点分类、社区划分等任务中取得了很好的效果。

7.2 常用算法介绍

本节将会分三步对四种典型且常用的图算法进行详细介绍：①基于传播的算法，将会具体介绍节点重要性排名的 PageRank 算法和社区分类算法 LPA；②在图上进行特定模式查找的算法，将会具体介绍用来衡量节点周围子结构紧密性的 StarNet 算法；③图嵌入表示方法，将会具体介绍 LINE(Large-scale Information Network Embedding)算法。

7.2.1 PageRank

互联网时代的到来伴随着大量个人和商业网站的兴起，为了从互联网上查找到合适的内容，搜索引擎成为人们浏览网页时不可或缺的基础工具。针对给定的 Query 语句，它可以给出一个包含相应关键词的网页列表作为结果响应，一个显而易见且重要的问题就是如何对所有这些网页进行排序。PageRank 就是这样一个网页排序算法，它根据网页之间的链接关系，为每个网页计算出一个 Rank 值：PR，PR 值高的网页将排在靠前的位置。

PageRank 算法是由 Google 创始人拉里·佩奇和谢尔盖·布林所发明的，它是基于两个很直觉的假设推导所得：

- 当一个网页被更多网页所链接时，它的重要性应当更高；
- 当一个网页被一个重要性高的网页所链接时，它的重要性也应当提高。

从上面两个假设出发，PageRank 建立了一个简单而有效的 PR 计算模型：一个网页的 PR 值是由其邻居的 PR 值经过加权求和而得到的。可形式化地描述为：

$$PR_i = \sum_{(j,i) \in E} \frac{PR_j}{O_j}$$

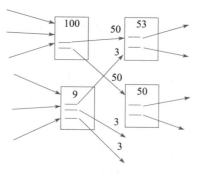

其中 $(j, i) \in E$ 表示 j 链接向 i，O_j 表示 j 的出度。图 7-2 是一个简单的 PageRank 计算示例，左边的两个网页将它们的 PR 值按照链接指向均分给它们所链接的节点，并将它们所链接的节点综合得到的 PR 值作为自己的 PR 值。

图 7-2　图解 PageRank

PageRank 算法初始化所有页面的 PR 值为 1，并采用迭代方式计算每个页面的 PR 值，在第 $k+1$ 轮，页面 i 的 PR 值计算公式为：

$$PR_i^{(k+1)} = \sum_{(j,i) \in E} \frac{PR_j^{(k)}}{O_j}$$

为了更好地模拟用户在网页之间的跳转行为并处理一些没有外链网页的情况，PageRank 同时做出了另一个假设：用户在浏览到某网页时，会按照某给定概率 d 通过页面外链跳转，按照 $1-d$ 的概率停止跳转并随机浏览某个任意页面。这个概率被称为阻尼系数（damping factor）。在加上这个新假设后，PageRank 的更新公式如下，其中 N 表示所有页面的总数。

$$\mathrm{PR}_i^{(k+1)} = \frac{1-d}{N} + d \sum_{(j,i) \in E} \frac{\mathrm{PR}_j^{(k)}}{O_j}$$

d 值的确定通常与具体的问题场景相关，在网页链接的问题上一般设置 $d=0.85$，即用户在浏览到某页面时，有 0.85 的概率继续按照页面链接跳转，0.15 的概率会重新浏览任一网页。

PageRank 算法在搜索引擎的页面排序中起到了巨大的作用，也成为后续很多网络链接分析算法的基础，但同时它自身也有一些缺陷，例如对新网页不友好，因为一个新网页通常仅会被少量网页所链接，即使其内容质量很高，要成为一个高 PR 值的网站也需要一段时间。

7.2.2 标签传播

图上的社区划分是一个非常经典的应用问题，标签传播算法（Label Propagation Algorithm，LPA）就是一种划分社区的方法。社区并没有一个明确的定义，一种较通俗的准则可以表述为：社区是指网络中节点的集合，这些节点内部链接较为紧密，但是与外部链接较稀疏。LPA 就是按照这个准则来对图中节点进行社区划分的。

LPA 是一种基于标签传播的无监督社区划分方式，它不需要预先指定某些节点的社区属性或者总的社区个数等参数。在初始阶段，LPA 会对每个节点给予一个唯一的标签（一般而言，LPA 会随机分配这种唯一标签），在每次迭代的过程中，每个节点都会依次将自己的社区标签修改为其邻居节点中出现最多的社区标签，这便是标签传播的含义。随着社区标签的不断传播，最终紧密连接的节点将有共同的标签，也就意味着这些节点将被划归到同一社区。下面是 LPA 算法的完整过程描述：

1. 在初始状态（第 0 步），针对网络中的每个节点，随机初始化其所属社区标签，

例如对于节点 x，标签 $C_x(0)=x$。

2. 循环这一过程：在第 t 步，根据节点 x 邻居节点此刻的社区标签来更新 x 的标签值，选择邻居节点中出现最多的标签作为自身的标签，即

$$C_x(t) = f(C_{x_{i1}}(t),\cdots,C_{x_{im}}(t),C_{x_{i(m+1)}}(t-1),\cdots,C_{x_{ik}}(t-1))$$

3. 当所有节点的社区标签不再更新，或者达到最大迭代次数后，算法终止。

如图 7-3 所示是一个 LPA 算法的示例，节点中的数字表示社区 ID，在初始阶段，每个节点都属于一个单独的社区，在迭代的每一步中，节点都会根据其邻居节点的社区 ID 来更新自身的 ID，在多次迭代后达到收敛。

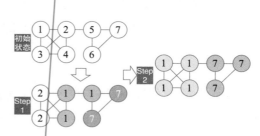

图 7-3　LPA 更新过程示例，注意聚类任务中，标签只代表社区编号

相比于基于模块度（modularity）优化类的算法，LPA 算法的最大优点是过程简单、计算复杂度低、速度快，并且不需要任何额外信息，在仅有图结构信息的情况下就可以完成社区划分。但是 LPA 也有一些缺陷，最大的不足便是随机性较强，产生的解不是唯一的，因此在 LPA 提出后也有许多学者尝试对其做一些改进。

7.2.3　中心性检测

图上每个节点与周围邻居所构成的子图蕴含着丰富的信息，揭示了该节点可能具有的某种特性，因此研究应用于发现图上特定子结构的算法具有重要的意义。如图 7-4 所示是三种富有特点的子结构，它们都具有某种典型的模式特征，例如第一种结构包含两个核心，以及周围与其相连的节点。在一些欺诈消费相关的资金流向图中，就很可能出现相应结构，其中中心节点为欺诈商户，而外围节点为相应的协助欺诈的消费人员。

中心性检测算法就是一种检测节点中心性质的算法，在上面的第一个结构中，外围节点中心性就较低，而中间两个节点的中心性则较高。为了检测出节点中心性质，

首先需要针对中心性给出定义和量化的计算方式，在 Sophon 中我们实现了两种计算节点中心性的方式：

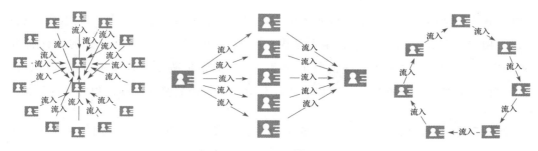

图 7-4 三种富有特点的子结构

1. 定义中心性为节点到其他节点最短路径的平均长度，平均长度越短的节点中心性越高，形式化公式如下：

$$\text{Centrality}(i) = \frac{\sum\limits_{j \in V} \text{ShortestPath}(i,j)}{|V|}$$

2. 按照节点度数（可以是出度、入度和双向）来描述，度数越高的节点中心性越高，形式化公式如下：

$$\text{Centrality}(i) = \text{Degree}(i)$$

上面两个简单却有效的指标能够在一定程度上表示节点的全局中心性，可作为节点性质检测的特征输入，但同样也存在一定的缺陷，比如以最短路径长度为基础的指标在计算复杂度上相对较高，而在 Sophon 中我们对相关过程进行了一定程度的优化，可利用分布式的方式来加速计算。此外，上述两个指标仅表述了全局中心性的特征，而对子结构具有中心性的点的描述能力相对不足。

7.2.4 图嵌入

从前面几节的介绍中可以看到，图的最大特点就是非常直观、可解释性强，但是计算和分析的复杂度较高、特征提取较难，并且计算工具不是很完善。而最近几年兴起的图嵌入（graph embedding）方法在某种程度上解决了图计算的这些难点。

　　图嵌入与自然语言处理中的词嵌入（word embedding）方法十分相似，都是通过某种方式将一些离散实体（点、边或子结构，词）映射为特征空间中的一个低维向量，以最常用的节点嵌入为例，它的输入是图的结构（边关系）和节点自身的属性特征（可为空），输出是每个节点对应的特征向量，这个向量编码了节点周围的结构信息以及节点自身和邻居的属性特征，可以在节点分类、关系预测等任务中取得很好的效果。

　　图 7-5 是一个使用图嵌入方法完成节点聚类的结果示例，这个示例使用了 email-Eu-core network 案例。该案例以一个真实的电子邮件发送网络作为数据来源。我们首先通过图嵌入算法来处理该网络结构，可得到每个节点的特征，接下来使用 K-Means 算法将节点聚为不同的类别，如图 7-5 所示。可以清楚地看到，被聚为一类的节点在原始的网络图上也是紧密相连的，而属于不同类的节点之间则相连得较为稀疏，这体现了图嵌入方法编码图结构的强大能力。

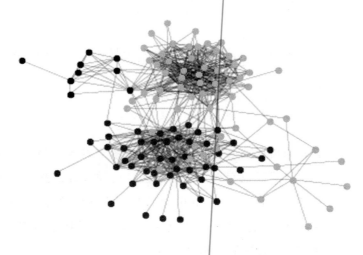

图 7-5　图嵌入用于聚类

　　下面将会以一种经典的图嵌入算法 LINE（Large-scale Information Network Embedding）[42]为例来对图嵌入算法的原理进行介绍，LINE 算法以重建图中已有的边为目标，定义了节点之间的两种不同相似度，以最小化边重构误差为损失函数，构建了一个优化函数，求解这个损失函数可以得到图中每个节点的嵌入特征。

具体来说，LINE 首先定义了两种相似度，它们分别是①一阶相似度，表示有边直接相连的两个节点是相似的；②二阶相似度，表示有着相似邻居结构的节点是相似的。如图 7-6 所示，节点6 和 7 的一阶相似度较高，因为它们直接相连，而节点5 和 6 的二阶相似度较高，因为它们的共同邻居节点是相似的。LINE 认为相似度较高的节点的 embedding 向量也应当是相似的。

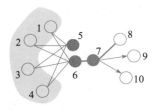

图 7-6　LINE 相似度

在有了两种相似度定义之后，LINE 通过保留节点间的两种相似度关系来计算节点的 embedding 向量，以一阶相似度为例，节点 v_i 和 v_j 可以通过节点的 embedding 向量 $\boldsymbol{u}_i$ 和 $\boldsymbol{u}_j$ 来计算，即：

$$p_1(v_i, v_j) = \frac{1}{1 + \exp(-\boldsymbol{u}_i \cdot \boldsymbol{u}_j)}$$

此外，也可以根据原始的图结构来计算一阶相似度，它被定义为节点间边的权重占总体边权重的比值，即

$$\hat{p}_1(v_i, v_j) = \frac{w_{ij}}{\sum w_{mn}}$$

LINE 的优化目标就是让由两种方式计算所得的相似度尽可能相似，即最小化以下目标：

$$O_1 = -\sum_{(i,j) \in E} w_{ij} \log p_1(v_i, v_j)$$

同理，二阶相似度可以通过负采样和梯度下降方法来对上面的目标进行求解。在得到点边的特征向量后，一些图上的问题就可以转化为传统的机器学习问题求解，例如节点分类、边预测、社区发现（聚类）等。

图嵌入方法近些年来引起了广泛的关注和研究热潮，它为图上问题的求解提供了

一个统一的处理框架，在很多问题上取得了非常好的效果，同时也具有很好的缩放性，能够运用到大图上。当然，作为当前一个热门的研究领域，图计算仍然有着许多需要继续发掘和改进的地方，例如，如何较好地处理异构图，以及如何较好地将额外信息与结构信息融合等。

7.3　落地案例

作为建模分析的重要组成部分，业务和建模人员能够利用图计算配合其他机器学习方法来和工具一起建模业务场景，在本节中，我们将通过某个大型银行落地案例来给出在 Sophon 中利用图特征进行业务建模的方法（场景如图 7-7 所示）。

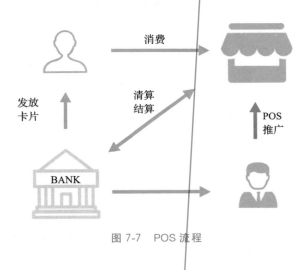

图 7-7　POS 流程

7.3.1　场景介绍

POS 机刷卡是一种常见的消费方式，它的具体流程如图 7-7 所示，银行首先通过销售人员向商家推广 POS 机，然后持有银行卡的消费者就可以在相应商家处使用 POS 机刷卡消费，商户和银行之间会定期进行清算。这个过程会产生一些欺诈行为，可能给银行造成一定的损失，为了完善行内风控体系，监察和检测出欺诈商户，可以使用机器学习方法来建模商户与消费者间的交易行为，通过模型自动检测异常商户。

对这个场景来说，最重要的数据有动态和静态两类，动态数据是指商家与用户之间的交易记录，它包含了用户在商家的消费时间、地点、金额、消费卡属性等，是检测出欺诈商户必不可少的数据表。静态数据是指商户和消费者的属性信息，例如商户的类别、业务范围、注册时间，以及消费者的年龄、性别等信息。可以从这些数据中提取出丰富的深度信息作为检测异常商户的特征，例如商户的平均交易额度、平均交易次数、在行业中的排名等。此外，注意到用户和商家之间可以通过交易关系构成一个交易图，同样也可以利用图算法抽取图上的结构信息作为特征输入。接下来是具体的流程介绍。

7.3.2　建模过程

在分析数据前需要对数据进行清洗、格式转换等预处理操作，这个过程就不再赘述，主要对特征提取和建模过程进行说明。

特征构建

特征构建对数据挖掘建模应用的作用是巨大的，因此根据业务和技术积累来抽取合适的特征是建模前的一个必要步骤。在这个案例中，我们根据数据格式和业务分析规划了下面四种类型的特征：

- □ 静态特征。它包含不同的商户信息，比如商户的行业类别、经营范围、位置信息等，这些基本属性能够大致勾勒出用户的轮廓画像，为需要建模的商户提供大致描述。在原始数据表中已经包含了商户基础属性，但其中有一些是字符形式，无法作为机器学习模型的直接输入，需要对这些属性进行编码转换，图 7-8 是在 Sophon 中处理这些属性的流程。

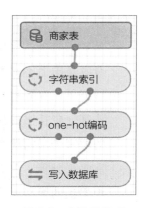

图 7-8　表流程处理

- □ 交易特征。交易表是判断一个商户是否有欺诈行为的最重要的信息来源，正常商户与交易商户之间的交易特性通常会存在较大的差别，例如，交易商户可能会

在某几天里突然出现交易金额突然异常增加的情况，以及在某些天里突然出现许多大额信用卡交易等。在交易表中，我们根据业务积累和经验，对交易信息

做了深度分析，并提取出了包括商户平均交易量特征、交易量波动特征、行业内排名特征、窗口内交易指数等在内的多种特征属性，通过 Sophon 的 SQL 算子和自定义脚本算子，可轻松搭建提取流程，如图 7-9 所示。

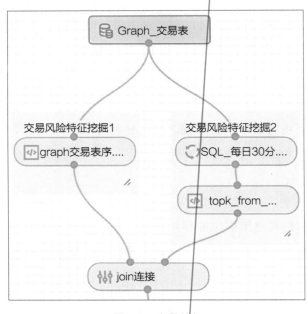

图 7-9　交易特征

- 图结构特征。商户和消费者之间由交易边构成了一个异构的交易图，商户和消费者是图上不同类型的节点，而两者之前的交易构成了交易边。如前所述，图特征可以有效地刻画节点的结构特性，因此我们同样构建了一些图结构方面的特征，包括图的模式结构特性、传播特征、聚类特征等，图 7-10 是使用 Sophon 的图算子来构建图特征的流程。

- 深度图特征。上面提到的图特征主要是应用一些传统图算法得到，在前面章节中提到的图嵌入算法同样也可以应用得到一些用嵌入特征表示的深度图特征，图 7-11 是应用 Sophon 中的算子来提取深度图特征的流程。在该流程中，首先使用图嵌入算法得到节点的特征向量，之后，使用异常检测算法 LOF（Local Outlier Factor）得到每个节点的异常指标，并将其作为特征输入。

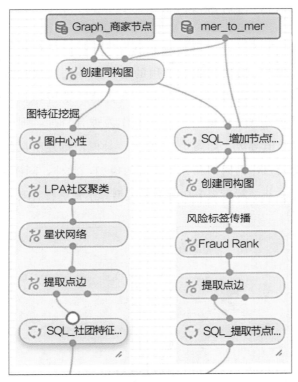

图 7-10　图特征构建

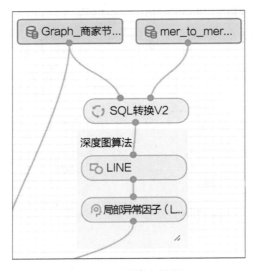

图 7-11　图嵌入特征

模型搭建

综合前述的多维度特征信息，可以对商户的风险指标进行建模，本样例分别使用了分类和回归两种方式。对分类来说，使用的是由业务人员预先指定的异常商户标签作为分类目标，训练一个分类模型，并判定一个新商户是否异常。对回归来说，使用的是异常商户标签经交易网络传播后的异常值作为拟合目标，训练一个回归模型，并预测一个新商户的异常值等级。如图 7-12 所示，是模型搭建阶段的流程，其中分别使用了线性回归和逻辑回归作为回归和分类建模的模型，此外，同样可以选择使用算子中提供的 SVM、多层感知机、梯度提升树等多种模型算子来进行替换，并观察其性能指标。

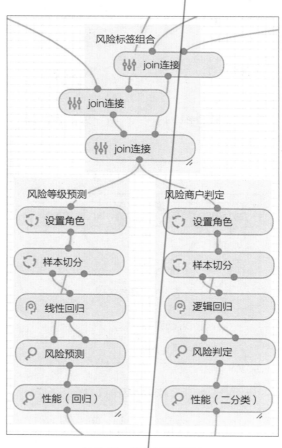

图 7-12　风险建模流程

7.3.3　结果分析

　　这里我们给出判定商户是否异常的模型结果分析，如图 7-13 的三个子图所示，分别表示在测试集上进行商户异常判定的混淆矩阵、ROC 曲线与 PR 曲线。

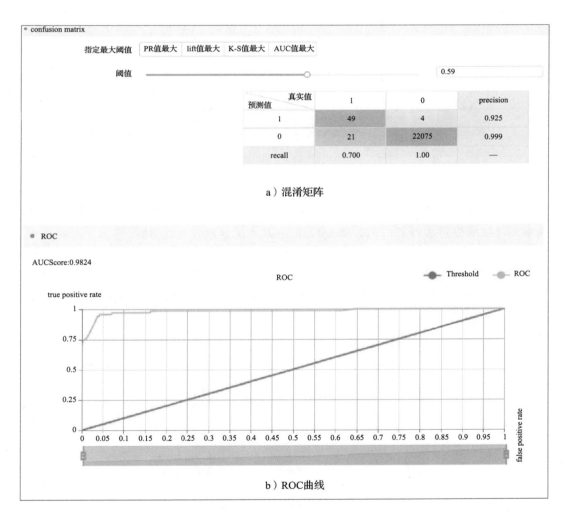

a）混淆矩阵

b）ROC曲线

图 7-13　模型结果

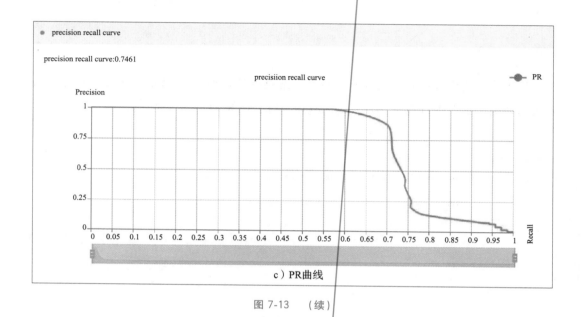

c）PR曲线

图 7-13   （续）

从图中可以看到，针对该场景，在使用了前面所述特征的基础上，测试集上的精确率和召回率分别达到了 0.925 和 0.7，能够基本满足业务方的需要。

此外，我们还可以使用 Sophon 的知识图谱模块来对相应的异常案例做一些可视化分析，如图 7-14 所示，是使用 Sophon KG 展现出的三个异常商户及其相关联的消费者图。

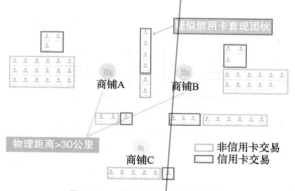

图 7-14   信用卡套现实际案例

从图中可以看到，对欺诈商户而言，通常会由一批团伙共同实施欺诈，在图中可以观察到一些很明显的特征，例如，AB 两个诈骗商铺的顾客中大多使用非信用卡交易，而其共同消费者（疑似欺诈团伙）却大都使用信用卡交易，所以很可能在实施信用卡套现等诈骗行为，此外，查询商户信息可知，这两个店铺的物理距离超过 30 公里，而这几个消费者短时间内同时在这两家进行的消费也佐证了上述的分析猜想。

从本节的案例中可以看出，使用 Sophon 的图算法和可视化分析工具，能够便捷地对包含图结构的应用进行建模和可视化分析，助力业务目标的达成。

7.4 本章小结

本章首先介绍了图的基本概念和作用，然后概述 PageRank、LPA、中心性检测、图嵌入等图算法的原理和应用，最后通过一个欺诈检测的案例具体讲解了如何在 Sophon 中应用图算法并进行可视化分析。

在实际数据分析中，由于图的数据（复杂关系网络）和算法繁多且变化很大，因此处理上需要灵活使用已有的知识和工具。我们将所有内容总结成下列金字塔结构（如图 7-15 所示），希望读者朋友们能够在本章的介绍下对图算法有初步认识，并对应用图算法完成建模分析有一定理解。此外，限于篇幅，我们没有加入更多深度图的内容，感兴趣的读者可以持续关注我们深度图的文章以及深度图领域的最新进展，如文献 [21，50，49]。

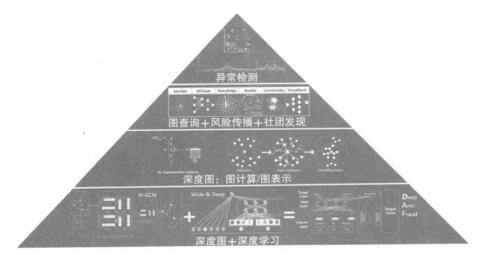

图 7-15　图算法金字塔图

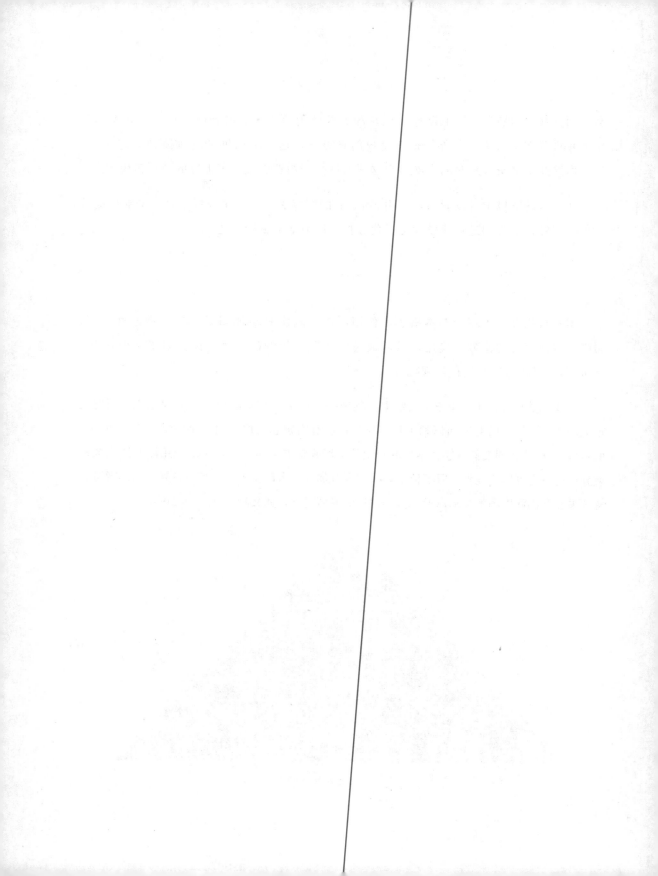

第 8 章

自动机器学习

8.1 场景介绍

通常，一个机器学习流程可以简单地划分为特征工程和模型构建两个阶段。其中特征工程又包括数据预处理、特征提取和构建以及特征选择等步骤。数据预处理又叫数据清洗，是解决机器学习任务必不可少的第一道工序。它主要是为了清洗数据中的异常值，常用的方法包括缺失值处理和重复行删除等。特征提取和构建则是为了能取得更好的建模结果而对特征本身进行的一些处理，例如提取日期中的年月日、对数值特征进行归一化等。特征选择是依据某种准则对特征进行选择，去除低效或无用的特征，对数据进行降维，从而减少训练和预测的时间，并提升建模效果。

由此可见，特征工程具有以下几个特点：①必要性。想要通过机器学习解决某个实际问题，必然少不了特征工程；②多样性。包括的种类和方法特别多，想要取得很好的效果需要从业者对建模和业务都十分熟悉；③重复性。某些操作（例如填充缺失值）对大多数任务来说都是必要的，并且对于每个任务，手动完成这一流程耗时耗力。

基于以上特点，开发一种自动预处理的工具，让机器自动帮我们完成特征工程的部分，就显得十分必要。在本书第 2 章中已经提到了一些自动特征工程方法和算子（自动多表特征扩展和自动特征构建）。除此之外，还有一个算子也能进行部分的自动特征工程，那就是自动化数据探索算子。它主要对数据进行一些必要的预处理，例如删除重复行、删除缺失值比例很高的特征列、自动对字符串类型的特征进行字符串索引、根据标签列判断任务类型等。

完成特征工程的操作后，就可以开始模型构建阶段了。随着机器学习研究热潮的兴起，越来越多的模型被提出，以解决各种各样的问题。例如就分类问题而言，常见的模型包括逻辑回归、因子分解机、SVM、XGBoost 等。当遇到了某一具体问题时，如何选择模型就成为一个难题。有经验的算法从业人员很清楚地明白各种算法的优劣及适用场景，进而能够按需挑选合适的模型。而对于经验不那么丰富，甚至对机器学习仅仅有一个基本概念的人而言，挑选出一个合适的模型会面临很多的难题，除了对模型的原理及适用场景不了解之外，在训练模型拟合数据时还会面临另一个常见的问题：调参。

对一般的机器学习模型而言，都有一个或多个参数需要选定。这里面既有离散型的超参数，也有连续型的超参数，甚至还有条件型的超参数[30]。离散型的超参数是指那些取值个数有限的超参数，连续型的超参数是指那些取值连续的超参数，而条件型超参数则是指那些需要在设定其他某个超参数为某个特定值后才可以进行设定的超参数。例如，决策树的超参数不纯度就是一个离散型超参数，它可以是 gini 指数、熵或者方差中的一种。而逻辑回归的超参数学习率则是连续型，因为其取值范围是大于 0.0 的任意数值。相比之下，条件型超参数不那么常见，只在少数模型中存在，例如 sklearn 的 SVC 里，超参数 degree 仅在 kernel 为 poly 时起作用，而在其他时候无效。

> **注记 8.1：深度学习中的条件型超参数**
>
> 如果将深度学习考虑进来，那么条件型超参数就不那么特别了。例如，对于一个深度神经网络来说，第 4 层隐藏层上所对应的所有超参数（比如神经元个数和激活函数类型）都有一个存在的前提，那就是隐藏层的数量大于等于 4。

正因为有这么多的超参数需要调整，而且某些超参数可能会对最终结果产生巨大的影响，所以初级的机器学习从业人员也被戏称（或自称）为"调参侠"，可见调参的重要性及其所需的巨大时间消耗。显然，模型选择和超参优化成了机器学习从业者面前的两座大山，看上去只有不断积累和丰富自己的知识储备才能在建模过程中解决这两个问题，但事实真是如此吗？能否让机器帮我们做到呢？正是因为有着这样的需求，自动建模应运而生。顾名思义，自动建模即是自动地建立模型，这自然也包括了模型的自动选择和超参数的自动设定。那么自动建模又是如何实现的呢？如果我们将模型选择本身看作是一个离散型超参数，那么模型选择本质上也是一个超参优化问题。自动建模其实就是利用了这一点，通过有效的超参优化算法来自动学习合适的模型及其超参数。这样一来，使用者的门槛大大降低，模型选择以及调参所消耗的时间也大大减少。

主流自动建模的框架按使用形式可以分为下面三种：①提供工具包：比如 NNI（Microsoft）[33]、Milano（NVIDIA）[36]和 TransmogrifAI[41]；②命令行工具：amla（CiscoAI）[29]；③API：Google Vizier[20]。在 Sophon 平台上，这些框架被融合起来，并提供了功能强大的自动建模算子，能够同时支持分类和回归任务。具体模型种类上，自动建模算子支持的分类模型包括逻辑回归、线性支持向量机、GBDT 和随机森林，回归模型包括线性回归、GBDT 和随机森林。模型搜索的停止条件既可以是尝试次数，也可以是总耗时。自动建模算子还提供了提前终止的功能，当评估结果（例如分类的准确率）高于某一用户设定的阈值时就不再继续搜索更好的模型。这样一来，当用户对指标的要求不是太高时就可以大大减少所需要的时间。此外，自动建模算子还提供了 hold-out（留出法）和 cross-validation（交叉验证法）两种验证方法。hold-out 所需的时间较短，而cross-validation 通常拥有更好的泛化性能，用户可以根据自己的需求进行选择。其输出是根据用户指定的评判指标进行排序的三个最优模型及超参数取值，用户可以直接将输出的模型用于后续操作，也可以根据输出的超参数取值来拖曳对应的分类或回归算子以搭建相同的模型，进而用于微调或者保存模型。

下面将分节对自动特征工程和自动建模进行具体介绍，并给出了一个实践案例。

8.2　自动特征工程

特征工程指的是利用领域知识（包含领域专家的经验以及领域内的固有常识）来

为机器学习算法或应用从领域数据中抽取、探索或创建特征的过程。特征的质和量将对机器学习模型的性能产生极大的影响，也就是说，选择合适的特征对于完成一项机器学习任务来说至关重要。较好的特征可以帮助生成更简单、更具可扩展性的模型，并且通常可以产生更好的预测结果。

通常来说，特征工程是一件烦琐、耗时且严重依赖于领域专家知识、直觉和数据特性的一项工作。从广义上来说，应用机器学习的最根本问题就是特征工程。因此，自动特征工程已成为学术研究领域的一个新兴话题。自动特征工程的提出，一方面是为了帮助数据科学家减少数据探索时间，使他们能够在短时间内尝试和归谬诸多新的想法；另一方面则是帮助那些不熟悉数据科学的非专家用户，使他们可以采用较少的时间和成本，快速从数据中提取出有价值的信息。现在已经有一些较为成熟的自动特征工程工具，例如 H2O. ai、Feature Labs 和 Xpanse AI。

8.2.1　自动多表特征扩展

深度特征融合（Deep Feature Synthesis，DFS）是一个自动多表特征扩展的经典算法[30]，被发布为开源项目 featuretools（https://www.featuretools.com/）。DFS 从实际应用出发，从三个不同的角度解决了自动特征工程中的一些问题：

- 通常可以从不同数据集的关联中提取出非常有用的特征。DFS 提供了一种在多表与事务数据集上执行特征工程的解决方案，这类数据集常见于数据库或日志文件中。DFS 专注于此类数据，因为它是当今各大企业所使用的最常见的数据类型之一。一项针对 Kaggle 的 16 000 名数据科学家的调查发现，65% 的时间都花费在了处理相互关联的多表数据集上。
- 从各种数据集中提取特征的方法通常包含类似的数学运算。此处以一个客户及其购买内容的数据集为例来详细说明这一点。对于每个客户，我们希望获取其花费最多的一次购买，并将之作为一项特征。为此，我们会收集与客户相关的所有交易数据，并从中查找购买金额最大值的字段。另外，对于一个由航班信息所组成的数据集，如果我们将最大值计算应用于此场景中，则可以计算出类似最久的一次航班延误的特征。这一特征可以对未来的航班延误进行预测。即使两个问题的自然语言描述完全不同，但其内在的基本数学运算是相同的。在这两种情况下，我们将相同的操作应用于数值列，以生成特定于数据集的新数值特征。这些与数据集无关的操作被称为基元（primitive）。

❑ 新的特征通常由以前生成的特征组合而成。特征基元是 DFS 的基本构件。每一个特征基元都定义了输入和输出类型，因此我们可以方便地将它们进行组合，并生成新的复杂特征。这一方式与目前的人工特征工程类似。

总结来说，DFS 就是一种以迭代搜索的方式向相互有关联的数据表中应用特征基元，并从中自动产生新特征的方法。迭代的轮数（或者叫搜索深度）将决定最终所得新特征的复杂度。在 Sophon 中我们重现了深度特征融合（DFS）功能，并提供了自动多表扩展算子作为接口供用户使用。接下来，我们将依次介绍 DFS 的关键组件：数据表关联、特征基元以及自动特征搜索与组合算法。

数据表关联

DFS 算法的目标对象是相互之间存在关联的多表，以如下的两张数据表为例（如表 8-1 和表 8-2 所示）。

表 8-1 Customers 表

customer_id	zip_code	join_date
1	60091	2008-01-01
2	02139	2008-02-20
3	02139	2008-04-10

表 8-2 Sessions 表

session_id	customer_id	amount	rate
1	3	10 537	2.39
2	1	6484	3.43
3	3	4475	1.14
4	1	1770	2.64
5	1	1383	6.58
6	1	11 783	5.69
7	3	6473	2.64
8	2	13 131	5.18

Customers 数据表与 Sessions 数据表通过 customer_id 这一列产生关联，并且具有天然的一对多的关系。类似于树结构中的父-子关系，多个子节点可以关联于一个父节点。在上述两张数据表中，Sessions 表中多条数据的 customer_id 是相同的，也就是对应到 Customers 表中的同一条数据。因此在这个例子中，Customers 表是父表，而 Sessions 表是子表。

在 Sophon 的自动多表扩展算子中，具有关联关系的表将进行合并操作。这里的合并与数据库的 join 操作含义类似。对于多表之间的关联关系，我们使用如下的形式来定义算子参数：

左表及连接列	右表及连接列
子表名 . 子表列	父表名 . 父表列

注记 8.2：关联关系的约定

我们规定子表需要写在关联关系的左边，而父表写在右边。

另外，算子有一个附加参数目标表，用来规定表连接的顺序（UML 中的 from 与 to 的关系）。如果目标表为右表，则操作是将左表连接到右表上，最终得到的结果是扩展了列的右表；反之则是将右表连接到左表上。于是我们有了如下两种合并方式：

- □ 一对多。如果目标表填写的是左表，则使用"from 父 to 子"的方式进行合并。很容易理解，我们只需要将父表中对应连接列的属性条目附加到子表中，也就是 inner_join 的操作。比如在这个例子中，一对多的合并结果如下（对于合并操作产生的列，会使用"原表名_列名"的方式命名）：

session_id	customer_id	amount	rate	Customers_zip_code	Customers_join_date
1	3	10 537	2.39	02139	2008-04-10
2	1	6484	3.43	60091	2008-01-01
3	3	4475	1.14	02139	2008-04-10
4	1	1770	2.64	60091	2008-01-01
5	1	1383	6.58	60091	2008-01-01
6	1	11 783	5.69	60091	2008-01-01
7	3	6473	2.64	02139	2008-04-10
8	2	13 131	5.18	02139	2008-02-20

❑ 多对一。目标表是右表的情况，我们称为"from 父 to 子"。由于父表的一个条目对应子表的多个条目，因此不能直接进行 inner_join，需要使用多对一的合并方式。具体的实现方式如下：①首先根据父表主键 customer_id 的取值对子表 Sessions 中的条目进行分组，也就是子表中 customer_id 值相同的条目将被分到一组；②接下来可以对同组的数据条目进行聚合操作（数值求和、计算平均、取极值等）。计算的统计量将作为一列新的特征附加到父表上。这里以"计算平均值作为聚合函数"为例，多对一的合并结果如下（使用"AVG[原表名_列名]"的方式命名）：

customer_id	zip_code	join_date	AVG[Sessions_amount]	AVG[Sessions_rate]
1	60091	2008-01-01	5355	4.585
2	02139	2008-02-20	13 131	5.18
3	02139	2008-04-10	7161.67	2.057

特征基元

在前文中，我们已经了解到，特征基元（feature primitive）指的是用于从数据中提取特征的一些通用的基本数学运算。比如在数据表关联的例子中，平均值的计算就是一种特征基元。我们使用函数的概念来描述对特征进行的基本操作。在 Sophon 中实现的特征基元，依据使用场景可以分为两类：

❑ 聚合函数：在多对一的表合并中，所实现的依据父表进行分组并计算子表统计量的操作，被称为特征聚合（feature aggregation）。在前面的例子中，计算数值平均（AVG）就是一种聚合函数。

❑ 变换函数：在单个数据表上，对一个或多个列所执行的操作被称为特征变换（feature transformation），比如变换函数 MONTH，用于计算每个客户加入的月份。使用这一特征变换所得到的新特征列如下（使用"MONTH[原列名]"的方式命名）：

customer_id	zip_code	join_date	MONTH[join_date]
1	60091	2008-01-01	01
2	02139	2008-02-20	02
3	02139	2008-04-10	04

Sophon 中的自动多表特征扩展算子将使用特征聚合和特征变换，以及特征基元之间的组合来生成新的特征。下面的两张表分别展示了 Sophon 中目前实现的聚合函数和变换函数：

❑ 聚合：

函数名	描述	函数名	描述
max	数值特征的最大非空值	skew	数值特征的偏度
min	数值特征的最小非空值	kurtosis	数值特征的峰度
avg	数值特征的平均值	count	统计分组中数据条目的个数
sum	数值特征的总和	count_distinct	统计分组中取值不同的条目的个数
std	数值特征的标准差		

❑ 变换：

函数名	描述	函数名	描述
day	转换日期特征为当前天数	hour	转换时间特征为小时数
month	转换日期特征为月份	minute	转换时间特征为分钟数
year	转换时间特征为年份	second	转换时间特征为秒数
dayofweek	转换日期特征为"当前日期为一周中的第几天"	numwords	统计文本特征包含的单词数量
isweekend	当前日期为周末时则为"True"，反之为"False"	numcharacters	统计文本特征包含的字符数量

在使用自动多表特征扩展算子时，只需要指定想要使用的聚合函数或者变换函数，算法会根据数据列的类型自动应用相应的特征基元来产生新的特征。

DFS

在之前的例子中，我们依据表关联 Sessions. customer_id→Customers. customer_id 以及变换函数 MONTH 和聚合函数 AVG，将目标表 Customers 扩展为如下形式：

customer_id	zip_code	join_date	MONTH[join_date]	AVG[Sessions_amount]	AVG[Sessions_rate]
1	60091	2008-01-01	01	5355	4.585
2	02139	2008-02-20	02	13 131	5.18
3	02139	2008-04-10	04	7161.67	2.057

为了方便理解，上述操作可以被分解为两个子步骤：

1. 针对表关联中涉及的所有数据表，根据列的数据类型来应用所有的变换函数。当前的变换函数为 MONTH，只适用于日期类型，因此只有 Customers 表的 join_date 进行了变换，最终生成 MONTH[join_date] 列并直接附加到目标表 Customers 上。

2. 针对应用了变换函数的数据表，根据表关联和目标表进行一对多或者多对一的合并。在多对一的合并中应用所有的聚合函数。由于 AVG 聚合函数只适用于数值列，因此只有 amount 和 rate 进行了聚合，而 session_id 则因不是数值特征而被舍弃。

事实上，上面的例子展示的就是 DFS（深度特征融合）一次迭代的过程。在 DFS 的定义中，"深度特征"指的就是由多个特征基元在原始特征上堆叠而成的新特征，而 DFS 指的就是生成这类深度特征的过程。深度的含义就是进行多表连接并应用特征基元的轮数，体现在最终生成的深度特征所应用的特征基元的层数上。我们使用一个具体的例子来解释 DFS 对特征进行的操作。

首先我们引入一张新的数据表和表关联，如下所示：

transaction_id	session_id	transaction_time	amount	transaction_id	session_id	transaction_time	amount
10	1	00:00:00	131.76	18	4	00:10:50	126.34
13	1	00:01:05	21.41	5	4	00:11:55	118.83
4	1	00:02:10	118.06	2	5	00:13:00	91.22
14	2	00:03:15	142.54	6	6	00:14:05	77.5
1	2	00:04:20	54.84	16	6	00:15:10	46.87
11	3	00:05:25	48.53	7	7	00:16:15	147.08
12	4	00:06:30	141.33	19	7	00:17:20	111.38
3	4	00:07:35	127.63	8	8	00:18:25	31.59
15	4	00:08:40	127.01	9	8	00:19:30	102.81
17	4	00:09:45	107.97	20	8	00:20:35	34.56

左表及连接列	右表及连接列
Transactions.session_id	Sessions.session_id
Sessions.customer_id	Customers.customer_id

在这个例子中，目标表为 Customers，选取的变换函数为 MONTH 和 MINUTE，聚合函数为 SUM。

特征深度

我们把例子中涉及的表关联看作是一个树结构：Transactions→Sessions→Customers。自动多表特征扩展算子的深度参数就可以看作是从目标表起，对表关系树搜索的最大深度。例如当深度为 1 时，搜索到的表关联就只有 Sessions. customer_id→Customers. customer_id 这一条。

迭代流程

在深度为 2 时，我们将根据最后搜索到的数据表关联 Transactions. session_id→Sessions. session_id 进行一轮 DFS 的迭代，也就是将 Transactions 表合并到 Sessions 表上。首先应用变换函数，只有 Transactions 的 transaction_time 可以执行变换，结果如表 8-3所示。然后使用 SUM 聚合函数进行多对一合并，得到扩展后的 Sessions 表（如表 8-4所示）。接下来会对扩展后的 Sessions 表和 Customers 表使用 Sessions. customer_id→Customers. customer_id 这一条关联以进行第二轮迭代，最终扩展后的 Customers 表如表 8-5 所示。

表 8-3   变换结果表

transaction_id	session_id	transaction_time	MINUTE[Transactions_transaction_time]	amount
10	1	00:00:00	0	131.76
13	1	00:01:05	1	21.41
4	1	00:02:10	2	118.06
14	2	00:03:15	3	142.54
1	2	00:04:20	4	54.84
11	3	00:05:25	5	48.53
12	4	00:06:30	6	141.33
3	4	00:07:35	7	127.63
15	4	00:08:40	8	127.01
17	4	00:09:45	9	107.97
18	4	00:10:50	10	126.34
5	4	00:11:55	11	118.83

（续）

transaction_id	session_id	transaction_time	MINUTE[Transactions_transaction_time]	amount
2	5	00:13:00	13	91.22
6	6	00:14:05	14	77.5
16	6	00:15:10	15	46.87
7	7	00:16:15	16	147.08
19	7	00:17:20	17	111.38
8	8	00:18:25	18	31.59
9	8	00:19:30	19	102.81
20	8	00:20:35	20	34.56

表 8-4 Sessions 表

session_id	customer_id	amount	rate	SUM[MINUTE[Transactions_transaction_time]]	SUM[Transactions_amount]
1	3	10 537	2.39	3	271.23
2	1	6484	3.43	7	197.38
3	3	4475	1.14	5	48.53
4	1	1770	2.64	51	749.11
5	1	1383	6.58	13	91.22
6	1	11 783	5.69	29	124.37
7	3	6473	2.64	33	258.46
8	2	13 131	5.18	57	168.96

表 8-5 Sessions.customer_id→Customers.customer_id 关联进行第二轮迭代的结果表

customer_id	zip_code	join_date	MONTH[join_date]	SUM[Sessions_amount]	SUM[Sessions_rate]	SUM[Sessions_SUM[MINUTE[Transactions_transaction_time]]]	SUM[Sessions_SUM[Transactions_amount]]
1	60091	2008-01-01	01	21 420	18.34	100	1162.08
2	02139	2008-02-20	02	13 131	5.18	57	168.96
3	02139	2008-04-10	04	21 485	6.17	41	578.22

剪枝

在上面得到的结果中，SUM[MINUTE[Transactions_transaction_time]] 列是对分钟数进行累加。尽管分钟数确实为数值类型的特征，但进行求和或者其他数值类型的聚合操作是没有意义的。因此在 Sophon 的实现中，我们定义了一条额外的剪枝规则，即针对变换函数为时间或日期类型列，在应用多对一的聚合函数时忽略。剪枝后的 Customers 表如表 8-6 所示。

表 8-6　剪枝后的 Customers 表

customer_id	zip_code	join_date	MONTH〔join_date〕	SUM〔Sessions_amount〕	SUM〔Sessions_rate〕	SUM〔Sessions_SUM〔Transactions_amount〕〕
1	60091	2008-01-01	01	21 420	18.34	1162.08
2	02139	2008-02-20	02	13 131	5.18	168.96
3	02139	2008-04-10	04	21 485	6.17	578.22

以上便是对深度特征融合算法以及 Sophon 中实现的自动多表特征扩展算子的介绍，更为复杂一些的样例在/MachineLearning/AutoFeature/FeatureExpansion 中，图 8-1 实现了一个包含 4 张相互关联的数据表的自动合并操作，最终生成了 76 维全新的特征。

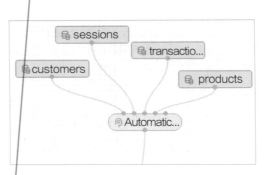

图 8-1　自动特征工程的剪枝技术

8.2.2　自动特征构建

特征构建指的是将一组构造运算符应用于现有的特征之上，从而构造出新的特征的过程。常见的特征构造符包括数学运算，比如单元运算（平方、开方和绝对值等），多元运算（加、减、乘、除等），集合运算（求最大值、最小值和均值等），以及一些其他类型的复杂运算（比如统计一组特征集合中满足条件的特征数量等）。所构造的新特征都是由原始特征来定义的，因此特征构建并不会增加新的固有信息，而是试图增强现有特征的"表达能力"。

由原始特征和构造运算符组合而成的新特征的数量可能呈指数级增长，然而并非所有的组合都是必要且有用的。自动特征构建的目的是找到一个由原始特征的变换组成的新的特征空间，并且在其中各项数据挖掘任务的指标都变得更加有效，比如更高的预测准确率、更好的可解释性、更可信的聚类簇以及更典型的模式等。因此，特征构建一直以来都被认为是提高机器学习算法精度和可理解性的有力工具，特别是在高维问题中。对于自动特征构建的研究，主要包含以下三个问题：如何生成新的特征；如何评判一个特征是否有效；如何进行特征选择。

我们将结合 Sophon 的自动特征构建算子的具体实现来详述以上问题，并给出更一般的自动特征构建的框架，以提出在已有实现基础上可行的改进策略。

特征生成

进行自动特征构建的第一步，是在原有特征的基础上生成一个数量庞大的新特征的集合。特征生成（feature generation），从广义上来说，指的是根据特征的类型以及领域知识对原始特征进行的一系列变换操作。按照领域划分，特征生成的方法包括：

- 针对文本类型的数据，自然语言处理中的常见特征生成或特征提取方法有：词袋（bag-of-word）、语义结构表示、LDA（Latent Dirichlet Allocation，隐式狄利克雷分布）以及词向量嵌入（Word2Vec）等。
- 针对图像领域的数据，从原始的灰度值或者 RGB 元组中提取的常用特征有：颜色、纹理、形状、小波系数、SIFT 以及基于深度学习所生成的特征等。
- 针对时间序列数据，生成的常用特征有：光谱特征、趋势特征、不一致性以及模式字典等。

上述的特征生成方法是为特定领域而定制的，因此在实现自动特征构建时并不适用。在 Sophon 的自动特征构建算子的实现中，我们采用了更加通用的特征生成方法，以适用于更一般化的场景。目前实现的特征变换方法，根据应用的特征类型可分为以下三类：

- 数值特征的单元变换：指的是对该列所有数值进行的操作，包括 sin、平方、绝对值、sigmoid 以及 log（正值）。
- 数值特征的二元变换：指的是对两列数值进行的按行操作，包括＋、－、＊和/。

❑ 类别特征的二元变换：向量合并，仅针对已经转化成 one-hot（独热）形式的类别型特征。例如：

ID	性别	婚姻状态
001	男	已婚
002	女	已婚
003	女	未婚

经过 one-hot 编码后，性别和婚姻状态列变换如下：

ID	性别	婚姻状态
001	[0, 1]	[0, 1]
002	[1, 0]	[0, 1]
003	[1, 0]	[1, 0]

而 one-hot vecto 的合并操作通过下表就可以轻松理解：

ID	性别	婚姻状态	[未婚女，已婚女，未婚男，已婚男]
001	[0, 1]	[0, 1]	[0, 0, 0, 1]
002	[1, 0]	[0, 1]	[0, 1, 0, 0]
003	[1, 0]	[1, 0]	[1, 0, 0, 0]

自动特征构建算子会对符合要求的列进行上述所有变换，假设 N 是数值特征数，C 是类别特征数，经过特征生成后得到的特征总数为 $\binom{C}{2}+5\times N+4\times\binom{N}{2}$，特征维度为 $O(C^2)+O(N^2)$，大概是原始特征数的平方数量级。

特征评价指标

并非所有使用基本特征变换算子得到的新特征都能够使得机器学习任务更加高效。因此，如何评判一个新特征的"好坏"，是自动特征构建所面临的基本问题。特征评价指标（feature metric）可以根据是否使用机器学习算法而大致分为两类。与机器学习算法无关的指标又称为 filters。对这类指标的计算通常发生在模型训练之前，作为数据的预处理步骤运行。常用的指标包括距离度量、基于信息论的指标，以及相关系数和一致性等。使用 filters 的优势在于计算高效，同时还因为其不针对特定算法的特性，可以成为通用的特征性能标准。而与机器学习算法相关的指标被称为 wrappers，这类指标的计算使用特定的机器学习算法作为评价特征好坏的黑盒子。首先将新加入特征的训练集划分为训练集和验证集，使用新的训练集训练一个模型，然后在验证集上得到机器学习算法的指标（比如准确率或者均方误差等），并将其作为新特征的评价指标。wrappers 的优势在于使用的指标与机器学习算法的评价指标相同，而缺点也很明显，就是每一轮的计算都比较耗时。

自动特征构建算子针对不同的任务类型和特征类型，实现了以下三种评价指标：

- □ LRLogLossMetric 仅适用于分类任务。计算原理是使用加入了新特征的数据来训练一个逻辑回归模型，并将最后一次的迭代误差作为度量值。
- □ SquaredLossMetric 仅适用于回归任务。计算原理是使用加入了新特征的数据来训练一个线性回归模型，并将最后一次的均方误差作为度量值。
- □ EntropyBasedMetric 仅适用于分类任务和类别特征。计算原理是将新加入特征的信息增益作为度量值。

目前的自动特征构建算子仅支持对分类和回归任务的数据进行特征构建。如果选择了使用 EntropyBasedMetric 作为度量指标，则支持的特征生成方法只有向量合并。其他两种类型的度量指标支持上一节列出的所有特征生成方法。

特征选择

特征选择（feature selection）是自动特征构建中关键的一步。如前所述，使用特征生成方法得到的新特征数量庞大，而从中挑选一个最优的特征子集是很困难的。因此，一些基于贪婪准则的局部最优方法常被用到自动特征构建的特征选择中。一些常用的特征选择方法包括基于组合迭代的方法 ExploreKit、基于架构搜索的方法 Cognito 以及综合的方法 RULLS 等。

自动特征构建算子中实现了一种基于简单的启发式规则和贪婪准则的特征选择方法。我们出于性能的考量选择了这样一种实现，同时尽可能减少用户需要设置的参数，以提高自动化。这一方法主要包含两个关键步骤：①特征性能指标计算以及排序，首先分别将生成的新特征加入到原数据集中，然后计算特征评价指标的值与原始数据的提升，并按照指标的提升值从大到小对新特征进行排序。②贪婪法添加特征，按照排序后的特征顺序，依次添加到数据中。每一次新特征加入后都会计算一次特征性能指标，如果相较之前有提升，则保留这一特征，否则删除。当出现连续的一定次数内没有提升后（比如 10 次），便终止添加新特征的操作。

最坏情况下，这里实现的特征选择方法需要为每一个新生成的特征计算一次度量指标。

自动特征构建的完整流程

自动特征构建算子只有 4 个参数需要设置，我们将在自动特征构建的流程中解释这 4 个参数的作用，流程如下：

- 确定任务类型：目前仅支持分类和回归任务。用户可以通过任务类型参数手动指定，也可以留空这一参数，系统会根据 label 列来自动推断任务类型。
- 判断数据每一个特征列的类型：使用最大类别数来辅助判断，最终分为数值列和类别列。对于非数值类型的列，其不同取值的数量大于最大类别数，则认为当前列是文本或者 ID 列，在进行自动特征构建时被忽略。
- 连续特征分桶：如果勾选连续特征分桶，则需要指定分桶数。系统会针对数值列使用指定的分桶数进行离散化，最终转化为类别列。
- 对类别列进行预处理：分为字符串索引和 one-hot（独热）编码两步。类别列在预处理过后都变成 one-hot 向量的形式，以便应用前文所提到的向量合并这一特征生成方法。
- 对标签列进行索引化：当任务类型为分类时，需要对标签列进行字符串索引操作。
- 计算初始数据集特征的度量值：根据用户选择的衡量准则参数，对于不同的任务类型，其支持的特征指标也不同。用户若没有指定这一参数，则使用默认值（分类任务：LRLogLossMetric；回归任务：SquaredLossMetric）。
- 进行特征生成：根据前文描述的特征生成方法来生成大量的新特征。
- 单独计算每一个新特征的评价指标值并排序：这一步进行了分布式优化，首先根据数据的分片数，将所有的新特征均匀分给每一个分片，并在每一个数据分片上单机地计算当前分片数据的特征度量，最后再汇总排序。

□ 基于贪婪准则的特征选择。

□ 生成自动特征构建后的新数据集，以及特征构建模型，包含预处理模型以及所选择的特征生成函数。

以上便是自动特征构建算法以及 Sophon 中实现的自动特征构建算子的介绍，更为复杂一些的样例位于/Samples/MachineLearning/AutoFeature/FeatureConstruction 中，包括算子的参数也如图 8-2 所示。

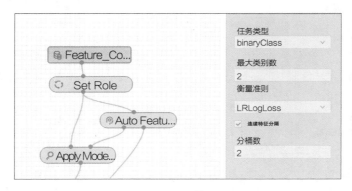

图 8-2　示例流程算子的参数

8.3　建模过程

这里我们将 Adult 数据集作为样例数据来搭建一个自动建模流程，以便对数据集标签进行分类和预测。

首先简单介绍一下 Adult 数据集。该数据集由 Barry Becker 从 1994 年人口普查数据库中提取得到，任务是预测一个人的年薪是否超过 50K。数据集共有 48 842 个样本和 14 个特征，其中 6 个为连续特征，8 个为离散特征。14 个特征分别是年龄、工作类型、一个州内观测人数、受教育程度、受教育时间、婚姻状况、职业、家庭角色、种族、性别、资本收益、资本亏损、每周工作时长以及原国籍。标签是＞50K 和≤50K 的字符串，分别表示年薪超过和未超过 50K 美金。建模的过程大致可以分为下面几个步骤：数据集导入、设置角色、样本切分、特征工程（自动化数据探索）、自动建模、应用模型、结果分析。

用 Sophon 搭建的整个流程如图 8-3 的左侧所示。数据集在导入之后便可于左侧选择框的数据集（我的数据集）内找到。拖曳之后接入设置角色算子对标签列进行设置，其配置如图 8-4 的中部所示，然后使用样本切分算子对数据集进行切分。样本切分采用的是 hold-out 方式，将样本按照 7∶3 的比例切分为训练集和测试集。样本切分算子的配置如图 8-4 的左侧所示。

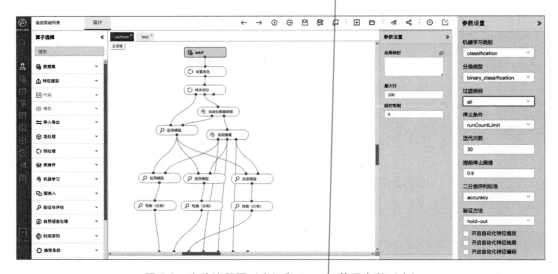

图 8-3　实验流程图（左）和 AutoML 算子参数（右）

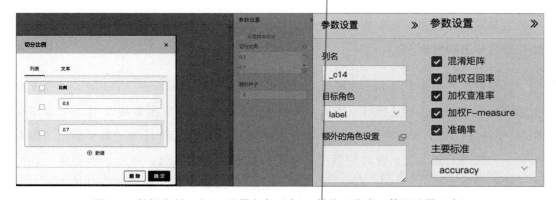

图 8-4　数据分割（左）、设置角色（中）、性能（分类）算子设置（右）

做好前期处理后，用自动化数据探索算子对数据进行特征处理，并用自动建模算子自动选择效果较好的模型。对于自动建模算子，我们先不勾选自动化特征处理，而是选择所有可选模型作为候选模型。由于本实验是一个二分类任务，因此机器学习类型选择分类，而分类类型选择二分类，其具体设置如图 8-4 的左侧所示。将模型输出后，接入应用模型算子和性能（分类）算子对自动建模推荐的模型进行性能评估，其中性能（分类）算子的设置如图 8-4 的右侧所示。

8.4　结果分析

假设将根据上节中自动建模配置进行设置的实验称为实验一，那么实验一的最优模型（根据训练集上的准确率排序）验证结果如图 8-5 所示。

图 8-5　实验一自动建模推荐模型一的验证结果

从图 8-5 中可以看到模型的各种指标，这些都是我们之前在流程建立时勾选的。模型一的准确率是 0.8591，这表示的是模型在 30% 的测试集上的准确率。

　　从图 8-6 中可以看到模型的各种超参数、模型的性能以及模型的可视化结果。知道模型的超参数后，我们可以还原出相同的模型，并在此基础上进行微调。模型的性能是指模型在由训练集切分出来的验证集上的准确率，这里是 0.8653。通过对比这里的准确率和测试集上的准确率可以判断出模型是否存在过拟合。模型的可视化结果是将随机森林可视化成多个二叉树，从而加深用户对模型的认识。事实上，如果比较三个推荐模型在测试集上的结果，那么模型二的准确率为 0.8622，要优于模型一（如图 8-7 所示）。也就是说，虽然模型二在训练集上的效果要弱于模型一，但是其泛化性能更优。考虑到我们采用的验证方法是留出法（hold-out，这其实也是一个比较常见的现象），我们提供了三个相对最优的模型供用户选择，既保证有较好的分类或回归效果，又保证有良好的泛化能力。

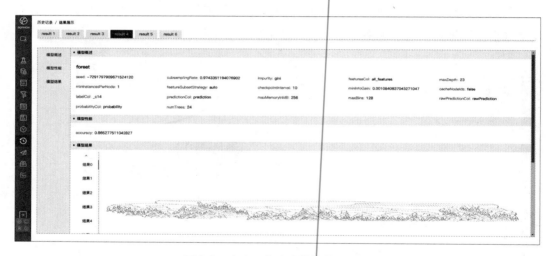

图 8-6　实验一自动建模推荐模型一

> **注记 8.3：说明**
>
> 　　这里的 hold-out 是指将训练集本身重新按照 8∶2 的比例切分为训练集和验证集，并根据模型在验证集上的评估结果进行选择。之后的描述中，我们会将由训练集切分出来的验证集简称为验证集。

　　接下来我们勾选三种自动化特征处理方法（即开启自动化特征缩放、自动化特征提取和自动化特征编码），来看一看建模的效果是否有所提升。

图 8-7　实验一自动建模推荐模型二的验证结果

从图 8-8 中我们可以看到，最优模型的分类准确率提升到了 0.8653，高于之前的 0.8591。这说明三种自动化特征处理方法起到了一定的效果。不过在实际问题中，并不是每次勾选这三种自动化处理方法都一定会取得更好的效果，这与你在特征工程部分是否已进行过这三种操作有关，也与数据集本身（例如样本的分布）有关，同时由于超参优化本身存在一定的随机性，因此每次的最优结果也可能不同。但是在大多数情况下，勾选三种自动化处理方法确实会使最终结果有所提升。因此，即使你没有在特征工程部分进行这三种特征处理，我们也还是推荐你勾选这三种自动化特征处理方法。

接下来，我们将迭代次数从 30 提升到 60，并看一看自动建模的效果是否有提升。

从图 8-9 和图 8-10 中可以看到，尽管最优模型在验证集上的准确率高达 0.8689，但其在测试集上的准确率仅为 0.8595，还不如迭代次数为 30 次时的 0.8653。即使将其他两个推荐结果也考虑进来，推荐模型在测试集上的最高准确率也仍然只有 0.8632，低于 0.8653。这说明模型的泛化性能不算特别好，在验证集上取得良好效果的模型并不一定能在测试集上取得良好的效果。这可能是模型算法本身的问题，也可能是因为经过两次切分，用于训练的数据不足，导致训练出来的模型泛化性能不佳。当然，还可能是由自动建模本身拥有的一定随机性所造成的。不过这个结果也说明了迭代次数并不是多多益善的，它往往存在一个阈值，在大于该阈值之后，自动建模的效果提升就不明显了，甚至模型的泛化性能还会下降。同时考虑到更多的迭代次数也意味着更多的时间消耗，因此这其中还存在一个 tradeoff，即在效果和时间中找到一个平衡点。

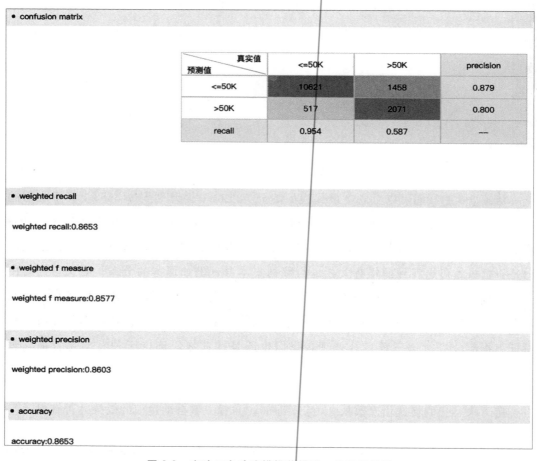

图 8-8   实验二自动建模推荐模型一的验证结果

图 8-9　实验三自动建模推荐模型一的验证结果

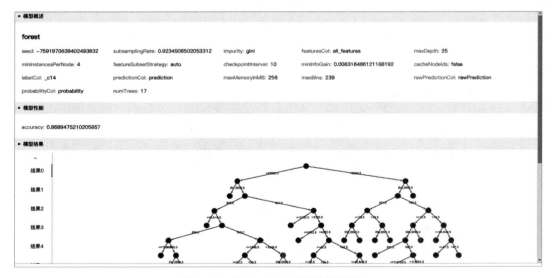

图 8-10　实验三自动建模推荐模型一

注记 8.4：提示

　　由于自动建模存在冷启动问题，因此迭代次数不能设置得太小，一般情况下至少要大于 20 次才会有较好的效果。

　　最后我们来看一下验证方法对结果造成的影响。将验证方法从留出法改为交叉验证之后（k 设置为 4），对比一下两种方式所消耗的时间和最终的效果（这里将迭代次数改回 30）。首先是耗时，在验证方法为留出法时，整个流程的总耗时大概为 16 分钟；而当验证方法改为交叉验证之后，总耗时大概为 78 分钟，几乎是留出法的 5 倍。再看最终的效果，当验证方法为交叉验证时，最优模型在测试集和训练集上的结果分别如图 8-11 和图 8-12 所示。

图 8-11　实验四自动建模推荐模型一的验证结果

图 8-12　实验四自动建模推荐模型一

从图 8-11 和图 8-12 中可以看到，最优模型在测试集和训练集上的准确率分别是 0.8656 和 0.8628，不仅测试集上的准确率要稍稍优于验证方法为留出法时的结果，而且测试集和训练集上的结果相差很小，这说明交叉验证的验证方法能够很好地保证推荐模型的泛化性能。不过前面也提到了，这种方法的耗时相比留出法多很多，因此用户需要根据自己的场景和需求灵活选择。

8.5　真实测试案例

由于自动机器学习是一个十分新的领域，因此为了进一步验证自动机器学习算法的有效性，我们选取了 4 个 UCI 上的公开数据集来构建基准测试。下面，将会详细介绍自动机器学习基准测试的技术细节。

8.5.1　数据集

基准测试共选取了 4 个数据集，其中 2 个属于分类问题，2 个属于回归问题。具体情况如表 8-7 所示。

表 8-7　自动机器学习对比实验数据汇总

数据集名称	问题类型	特征数量	有无类别特征	样本数量
Wireless Indoor Localization	多分类	7	无	2000
Skin Segmentation	二分类	3	无	245 057

（续）

数据集名称	问题类型	特征数量	有无类别特征	样本数量
Abalone	回归	8	有	4177
Airfoil	回归	6	无	1503

8.5.2　前置设置

为了评估自动机器学习算法在各个数据集上的性能，我们采用人工调参以及网格搜索（grid search）调参作为对照。同时，对采用特征缩放、特征提取等预处理过程前后的结果以及采用不同重采样策略后的结果进行了对比。由于自动机器学习算法和网格搜索本质上都是一个模型选择的过程，因此我们将数据集按 7:3 切分为训练集和测试集，其中训练集作为模型选择时的数据集，而测试集用来测试最终选择的模型的效果。在模型选择过程中，训练集又被分为训练集和验证集。因此，实际上数据集将被分为训练集、验证集和测试集。之后出现的验证集结果和测试集结果都是基于以上定义。

为尽量减小测量误差，每次的训练集和测试集都将同时用在自动机器学习、人工调参以及网格搜索的训练和测试上。每个数据集上分别进行 10 次测量，最终结果取 10 次测量结果的平均值。本实验内，交叉验证的 k 值取 3。对于分类问题，我们采用准确率（accuracy）作为评判标准；而对于回归问题，我们则采用均方根误差（Root Mean Square Error，RMSE）作为评判标准。我们将所有数据上的配置综合成表 8-8。

表 8-8　自动机器学习对比实验参数设置配置单，其中 MIPN 是
Minimal Instance Per Node，MIG 是 MinInfoGain

数据	超参数	取值	超参数	取值	超参数	取值
Wireless Indoor Local-ization	运行次数	5	model	随机森林	model	随机森林
	seed	1	最大深度	25	最大深度	5，10
	终止条件	1	maxBins	150	maxBins	32，64
	算法配置	SMAC	MIG	0.03	MIPN	1，2
	模型选择	all			MIG	0.0，0.4，0.8
					impurity	gini，entropy
					numTrees	20，40

（续）

数据	超参数	取值	超参数	取值	超参数	取值
Skin Segmentation	运行次数	5	model	GBDT	model	GBDT
	seed	1	maxIter	10	最大深度	5，10
	终止条件	1			maxBins	32，64
	算法配	SMAC			MIPN	1，2
	模型选择	all			MIG	0.0，0.4，0.8
					impurity	gini，entropy
					maxIter	20，40
Abalone	运行次数	5	model	随机森林	model	随机森林
	seed	1	最大深度	8	最大深度	5，7，9
	终止条件	1	maxBins	64	maxBins	32，64
	算法配	SMAC	MIG	0.05	MIG	0.0，0.05
	模型选择	all			impurity	gini，entropy
	运行次数	5	model	GBDT	model	随机森林
	seed	1	最大深度	10	最大深度	5，10，15
	终止条件	1	maxBins	64	maxBins	32，64
	算法配	SMAC	MIG	0.1	MIPN	1，2
	模型选择	all	MIPN	2	MIG	0.0，0.05

8.5.3　测试结果分析

我们把所有的实验结果综合到了表 8-9 中。这个实验结果显示，网格搜索的准确率最高，自动机器学习次之，手动调参最差。另外，采用交叉验证后的准确率要稍高于（有些会人为持平）采用留出法的，但同时耗费的时间也更多。数据预处理过程对准确率没有明显的影响。网格搜索虽然效果较好，但用时也比较长。手动建模的耗时远超自动机器学习和网格搜索。详细的实验结果如表 8-9 所示。综合模型的准确率和效率，自动机器学习目前是一个最优选择。

表 8-9　自动机器学习对比实验结果展示

数据集	方法	配置	验证集上准确率	测试集上准确率	耗时（秒）
Wireless Indoor Localization	自动机器学习	采用留出法重采样策略	97.47%	97.23%	19
	自动机器学习	采用交叉验证重采样	97.60%	97.76%	39.1
	自动机器学习	留出法＋自动预处理	97.47%	97.32%	10.3
	自动机器学习	交叉验证＋自动预处理	97.52%	97.53%	25
	人工调参	见上文	n/a	97.76%	较久
	网格搜索	见上文	97.50%	97.05%	69

（续）

数据集	方法	配置	验证集上准确率	测试集上准确率	耗时（秒）
Skin Segm-entation	自动机器学习	采用留出法重采样策略	99.41%	99.42%	222
	自动机器学习	采用交叉验证重采样策略	99.38%	99.42%	334
	自动机器学习	留出法＋自动预处理	99.42%	99.42%	261
	自动机器学习	交叉验证＋自动预处理	99.34%	99.39%	563
	人工调参	见上文	n/a	99.02%	约 1800
	网格搜索	见上文	99.31%	99.91%	3102
Abalone	自动机器学习	采用留出法重采样策略	2.92	2.807	55.7
	自动机器学习	采用交叉验证重采样	2.959	2.649	125.1
	自动机器学习	留出法＋自动预处理	2.931	2.823	31.4
	自动机器学习	交叉验证＋自动预处理	3.042	2.782	165
	人工调参	见上文	n/a	2.898	约 1500
	网格搜索	见上文	3.072	2.592	303

8.5.4　Abalone 和 Airfoil Self-Noise 数据集的增强测试

从上述几个数据集的实验结果来看，自动机器学习虽然在耗时方面具有明显的优势，但并没有在准确率方面取得较好的成绩。为此，考虑增加自动机器学习算法的运行时间，来观察准确率是否会有改观。具体的结果如表 8-10 所示。

表 8-10　自动机器学习对比实验结果展示

数据集	方法	配置	验证集上准确率	测试集上准确率	耗时（秒）
Abalone	自动机器学习	采用留出法重采样策略	2.214	2.13	71.5
	自动机器学习	采用交叉验证重采样	2.194	2.196	956
	自动机器学习	留出法＋自动预处理	2.155	2.183	57.2
	自动机器学习	交叉验证＋自动预处理	2.158	2.142	620.3
	人工调参	见上文	n/a	2.183	约 1200
Airfoil Self-Noise	网格搜索	见上文	2.298	2.179	69
	自动机器学习	采用留出法重采样	2.718	2.701	118.3
	自动机器学习	采用交叉验证重采样	2.555	2.56	801.6
	自动机器学习	留出法＋自动预处理	2.836	2.87	87.2
	自动机器学习	交叉验证＋自动预处理	2.671	2.693	984.2
	人工调参	见上文	n/a	2.898	约 1500
	网格搜索	见上文	3.072	2.592	303.7

针对 Abalone 数据的实验结果显示，自动机器学习在采用交叉验证和自动预处理之后，效果比网格搜索高 1.74%，比手动调参高 1.93%。自动机器学习的平均 RMSE 为 2.178 641 4，效果比手动调参好 0.22%，比网格搜索好 0.03%。比较当前参数与之前参数的结果，自动机器学习算法的效果在所有情况下都有所提升，其中提升最大的是采用交叉验证以及自动预处理后的情况，提升达 4.81%。平均来说，效果提升 2.40%。不过与此同时，时间的消耗也提升了约 3 倍。在对 Airfoil Self-Noise 数据的研究中，采用交叉验证之后的自动机器学习算法，效果比网格搜索高 1.24%，比手动调参高 13.17%。

8.5.5　结论

根据上面的实验结果，我们可以得出以下结论：

- 随机误差：实验过程中存在较多的随机事件，例如自动机器学习算法本身包含的随机性以及数据集切分带来的随机性。这些随机事件都会带来误差，而且由于随机事件相互叠加，误差也会累积。多次测量取平均可以降低误差，却也没办法消除。

- 网格搜索的效果较好的原因：首先对比人工调参，网格搜索选取的模型是和人工调参一样的模型，其参数空间一般包含人工调参得出的参数，也就是说，网格搜索的结果通常情况下只会优于人工调参。如果我们需要对不同模型进行网格搜索，那么它的时间消耗会更大。至于自动机器学习，则是因为 runcount_ limit 取得比较低（取的是 5），当取值升高到 10 之后，自动机器学习的效果接近网格搜索，在部分情况下甚至更优。

- 交叉验证的效果更好的原因：当 k 较大时，交叉验证意味着单次训练中训练点更多，数据的利用率更高，以及 k 次训练取平均会使泛化性能更优。

- 自动预处理的效果与数据集有比较大的关系：例如 Abalone 数据集中，有一项类别特征是性别，而性别与其他特征（各种直径和重量）相结合能够更准确地预测鲍鱼的年龄，因此在这个数据集中，自动预处理带来了 1.47% 的提升，而在其他数据集中，效果可能就不明显了。

8.6   本章小结

本章对 Sophon 超参优化模块的应用场景和具体运用方式进行了介绍，并且分析了自动建模的效果。自动建模作为一个功能强大的模块，既可以广泛应用于各种任务，又可以给各种各样的用户带来帮助。广义上的自动建模几乎可以解决所有类型的任务，除了传统的机器学习之外，它还被应用在深度学习中，用于给进行图像分类或文本分类的神经网络调参。例如谷歌的 Cloud AutoML 目前已经可以进行自动化翻译、自动预测文本类别以及自动图像分类。对用户而言，如果你是一个对机器学习不甚了解的初学者，那么自动建模就像一个老师，不仅告诉你答案，还帮你加深知识，给你以启发。如果你是一个经验丰富的机器学习从业者，那么自动建模更像一个帮手，替你做好脏活累活，并给你提供一个基础方案。

不过必须承认的是，尽管自动建模已经能给我们提供很多帮助，但它仍然不够成熟，存在着这样或那样的问题。例如，有些超参优化算法没有良好的可扩展性，计算耗时与样本（之前尝试的结果）数量呈幂指数关系；又如大部分超参优化算法存在冷启动问题，即需要一定量的样本作为之后预测的基础（当单次尝试的耗时很高时，这就不太能接受）。这些问题都意味着，如果想真正将自动建模用于工业生产，则需要强大的计算力作为支撑（特别是对于神经网络而言），而这是许多中小企业所不具备的。不过编者相信在计算力迅猛发展，算法也不断创新的将来，这些问题都将不再是问题。

第 9 章

自然语言处理

所谓"自然语言",是指人们日常交流使用的语言,如英语、汉语、法语、日语等。相对于编程语言和数学符号这样的人工语言,自然语言会随时间不断演化,因此很难使用明确的规则刻画。从广义上讲,自然语言处理(Natural Language Processing,NLP)包含所有用计算机对自然语言进行的操作:从最简单的通过计数词出现的频率来比较不同的写作风格,到最复杂的完全"理解"人所表达的意思。Sophon 平台提供了一系列常用的自然语言处理算子:词向量、序列标注、关键词抽取、自动摘要、文本情感分析等。本章介绍算法的基本原理和自然语言处理模型的创建。

9.1 自然语言处理算法原理

9.1.1 词向量

随着深度学习(Deep Learning,DL)的迅猛发展,其在传统的机器学习领域中很好地解决了一些问题,故而 DL 的研究者开始把目光转向 NLP 领域。而在 NLP 领域,首先要考虑的是如何将语言表示成神经网络能够处理的数据类型,继而才能考虑设计出效果好的网络结构,或者引入基于神经网络的情感分析、命名实体识别、机器翻译、文本生成等高级任务。

词的表示

按照上面的思路,后续不断有新的词表示方法被发明,总体看来可以分为两种:

- 独热表示（one-hot representation）：NLP 中最直观、最常用的词表示方法是独热表示。这种方法是把每个词表示为一个高维向量，向量的维度是词表的长度，向量中只有一个维度的值为 1，其余维度的值都为 0，这个维度就代表当前的词。独热表示还有一个好处，即在高维空间中很多任务是线性可分的。

- 分布式表示（distributed representation）：词向量（word embedding）指的便是将词转化成一种分布式表示，也即将词表示成一个定长的连续的稠密向量。分布式表示的优点有：词之间存在相似关系，因为词之间存在"距离"的概念，这在很多 NLP 任务中都非常有用；同时，由于每一维都有特定的含义，词向量能够包含更多信息。

注记 9.1：词向量

Word2Vec 是目前最常用的词向量之一。

Word2Vec 简介

Word2Vec 工具主要包含两个模型（如图 9-1 所示）——Skip-Gram 模型和 CBOW（Continuous Bag Of Word）模型，以及两种高效训练的方法——负采样（negative sampling）和层序 softmax（hierarchical softmax）。CBOW 是一个三层神经网络，该模型的特点是输入当前词的上下文，输出对当前单词的预测。具体过程如下：

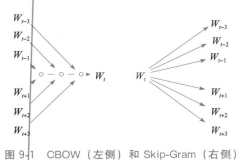

图 9-1　CBOW（左侧）和 Skip-Gram（右侧）原理图

- 学习目标是最大化对数似然函数：$\ell = \sum_{\omega \in C} \log p(\omega | \text{Context}(\omega))$，其中 ω 表示语料库 C 中的任意一个词。

- 首先输入的是 one-hot 向量，第一层是一个全连接层。

- CBOW 没有激活函数，输出层是一个 softmax 层，输出一个概率分布，表示词典中每个词出现的概率。

- Skip-Gram 与 CBOW 正好相反，它是已知当前词语，预测上下文。

假设中心词是 dog，窗口长度为 2，则根据 dog 预测左边两个词和右边两个词。这时，dog 作为神经网络的输入，预测的词作为标签。图 9-2 就是一个这样的例子。

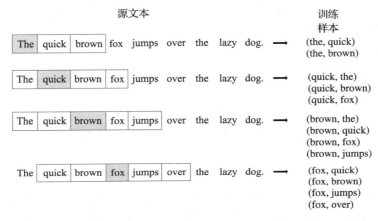

图 9-2　示例：dog 作为神经网络的输入，预测的词作为标签

对比两个模型，Skip-Gram 模型能产生更多训练样本，抓住更多词与词之间语义上的细节，在语料足够好、足够多时，Skip-Gram 模型是优于 CBOW 模型的；而在语料较少的情况下，其难以抓住足够多的词与词之间的细节，CBOW 模型求平均的特性反而效果会更好。

9.1.2　序列标注

序列标注概述

序列标注（sequence labelling）是指将序列化的数据转换为序列化离散标签的任务，这在机器学习中有广泛的应用，包括但不限于：

- ❏ 词性标注
- ❏ 手写识别
- ❏ 语音识别
- ❏ 蛋白质二级结构预测

NLP 领域中的序列标注任务主要有分词、词性标注、命名实体识别等。目前在传统机器学习中，解决序列标注的常用方法有两种：隐马尔可夫模型（HMM）和条件随机场（CRF）。下面，我们将详细介绍这两种算法的原理和特点，以及如何使用 Sophon 完成 NLP 的序列标注问题。

序列标注算法原理

（1）HMM 算法原理

HMM 模型是生成模型，它引入了一阶马尔可夫假设。它有 5 个要素（N、M、A、B 和 π）：

$N\Rightarrow$　隐藏状态集 $N=\{q_1，\cdots，q_n\}$，限定取包含在隐藏状态集中的符号。

$M\Rightarrow$　观测集 $M=\{v_1，\cdots，v_m\}$，限定取包含在观测状态集中的符号。

$A\Rightarrow$　状态转移概率矩阵，$A=[a_{ij}]_{N*N}$（N 为隐藏状态集元素个数），其中 $a_{ij}=P(i_{t+1}|i_t)$，i_t 即第 i 个隐状态节点。

$B\Rightarrow$　观测概率矩阵，$B=[b_{ij}]_{N*M}$（N 为隐藏状态集元素个数，M 为观测集元素个数），其中 $b_{ij}=P(o_t|i_t)$，o_t 即第 i 个观测节点，i_t 即第 i 个隐状态节点，即观测概率。

$\pi\Rightarrow$　概率分布，如图 9-3 所示。

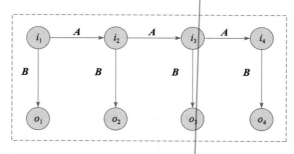

图 9-3　HMM 概率分布示意图

根据概率图分类，可以看到 HMM 属于有向图，并且是生成式模型，对其进行联合概率分步建模，$P(O,I)=\sum_{t=1}^{T}P(O_t|O_{t-1})P(I_t|O_t)$。序列标注问题的预测过程，通常称为解码过程。对于 HMM 的解码，假设已知了 $P(Q,O)$，要求出 $P(Q|O)$。进一步地：

$$Q_{\max} = \underset{\forall Q \in \Omega_Q}{\operatorname{argmax}} \frac{P(Q,O)}{P(O)}$$

对于解码方法，通常选用维特比（Viterbi）算法解码，计算出有向无环图的最大路径。维特比算法使用了动态规划的方法来对问题进行求解，基于下列事实：

- 如果概率最大的路径 P 经过某个点 x_{ij}，那么 P 上从起始点 S 到 x_{ij} 的子路径 Q，一定是 S 到 x_{ij} 之间的最短路径；
- 起始点 S 到终止点 E 的路径必定经过第 i 个时刻的某个状态。

结合上述两点，从状态 i 进入状态 $i+1$ 时，假设从 S 到状态 i 上的各个节点的最短路径已经找到，并记录在这些节点上，那么最优解仅依赖于从起点 S 到前一个状态 i 的所有 k 个节点的最短路径，以及这 k 个节点相关的 $\{x_{i+1,j}\}_j$。

算法流程如下：

- 学习训练过程：HMM 的学习训练过程就是确定模型参数。根据训练数据是包括观测序列及对应状态序列还是只有观测序列，HMM 模型的学习可以分为：
  - Baum-Welch（前向后向）（无隐状态序列）
  - 极大似然估计（隐状态序列）
- 序列标注解码过程：维特比解码（上文已经描述，不再赘述）。
- 序列概率过程：这里的目标是对一个序列计算其整体概率，即 $P(O|\lambda)$，主要算法有直接计算法、前向算法、后向算法。

（2）CRF 算法原理

广义的 CRF 定义是：满足 $P(Y_v|X, Y_w, w \neq v) = P(Y_v|X, Y_w, w \sim v)$ 的马尔可夫随机场叫作条件随机场（CRF）。在 NLP 任务中，CRF 通常指 CRF 线性链（如图 9-4所示）。概率无向图的联合概率分布可以在因子分解式下表示为：

$$P(Y|X) = \frac{1}{Z(X)} \prod_c \psi_c(Y_c|X) = \frac{1}{Z(X)} \prod_c e^{\sum_k \lambda_k f_k(c,y|c,x)} = \frac{1}{Z(X)} e^{\sum_c \sum_k \lambda_k f_k(y_i,y_{i-1},x,i)}$$

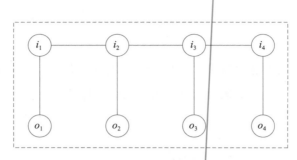

图 9-4　CRF 算法

在线性链 CRF 图中，每一个（$I_i \sim O_i$）对为一个最大团（含有 I_i、O_i 的最大连通子图），即上式中 $c=i$ 的部分，并且线性链满足 $P(I_i|O, I_1, \cdots, I_n) = P(I_i|O, I_{i-1}, I_{i+1})$，所以 CRF 的建模公式如下：$P(I|O) = \dfrac{1}{Z(O)} \prod_i \psi_c(I_i|O) = \dfrac{1}{Z(O)} \prod_i e^{\sum_k \lambda_k f_k(O, I_{i-1}, I_i, i)} = \dfrac{1}{Z(O)} e^{\sum_i \sum_k \lambda_k f_k(O, I_{i-1}, I_i, i)}$。与 HMM 一样，CRF 序列的解码也是采用 Viterbi 算法。

算法流程如下：

❑ 学习训练过程：CRF 由参数 λ 唯一确定，主要使用的方法有极大似然估计、梯度下降、牛顿迭代、拟牛顿下降、IIS、BFGS、L-BFGS，这里不再赘述。

❑ 序列标注解码过程：维特比解码（上文已经描述，不再赘述）。

❑ 序列概率过程：分别为每一批数据训练构建特定的 CRF，然后根据序列在每个最大熵马尔可夫模型（简称 MEMM）中的不同得分概率，选择最高分数的模型为想要的类别。

（3）CRF 与 HMM 比较

❑ HMM 对转移概率和表现概率直接建模，是一种生成式模型，而 CRF 是判别式模型。

❑ HMM 是有向图，CRF 是一种无向图。

❑ HMM 统计共现概率，CRF 是在全局范围内统计归一化的概率，是全局最优的解。

□ CRF 相比于 HMM 的优缺点：

- 优点：CRF 没有 HMM 那样严格的独立性假设条件，特征设计灵活；
- 缺点：CRF 的复杂度高，训练代价大。

9.1.3　关键词抽取

TextRank 算法是一种文本任务中常用的基于图的排序算法。其基本思想来源于谷歌的 PageRank 算法，它通过把文本分割成若干组成单元（单词、句子）并建立图模型，利用投票机制对文本中的重要成分进行排序，仅利用单篇文档本身的信息实现关键词抽取、文本自动摘要。和 LDA、HMM 等模型不同，TextRank 不需要事先对多篇文档进行学习训练，因其简捷有效而得到广泛应用。TextRank 一般模型可以表示为一个有向有权图 $G=(V,E)$，由点集合 V 和边集合 E 组成，E 是 $V \times V$ 的子集。假定图中任两点 V_i 和 V_j 之间的边权重为 W_{ji}，对于一个给定的点 V_i，$\text{In}(V_i)$ 为指向该点的点集合，$\text{Out}(V_i)$ 为点 V_i 指向的点集合。点 V_i 的得分定义为：

$$\text{WS}(V_i) = (1-d) + d \times \sum_{j \in \text{In}(V_i)} \frac{W_{ji}}{\sum_{V_k \in \text{Out}(V_j)} W_{jk}} \text{WS}(V_j) \tag{9.1}$$

其中 d 为阻尼系数（取值范围为 0 到 1），代表从图中某一特定点指向其他任意点的概率，一般取 d 值为 0.85。使用 TextRank 算法计算图中各点的得分时，需要给图中的点指定任意的初值，并递归计算直到收敛，即收敛条件为：图中所有点的误差率小于给定的极限值，一般该极限值取 0.0001。TextRank 的公式仅比 PageRank 多了一个权重项 W_{ji}，用来表示两个节点之间边连接的不同重要程度（有关 PageRank 的介绍请参照第 7 章的内容）。TextRank 用于关键词抽取的算法如算法 1 所示。

算法 1　TextRank 关键词抽取算法

步骤 1： 给定的文本 T 按照完整句子进行分割。

步骤 2： 对每个句子进行分词和词性标注处理，并过滤掉停用词。只保留指定词性的单词，如名词、动词、形容词等。其中 t_{ij} 是保留后的候选关键词。

while（未收敛）do

构建候选关键词图 $G=(V,E)$，其中 V 为节点集，由步骤 2 生成的候选关键词组成，然后采用共现关系（co-occurrence）构造任意两点之间的边，两个节点之间存在边需要满足以下条件：它们对应的词汇在长度为 K 的窗口中共现，K 同时表示最多共现 K 个单词。根据上面公式（9.1）迭代传播各节点的权重。

    end while

步骤 4：对节点权重进行倒序排序，从而得到最重要的 M 个候选关键词。

步骤 5：由候选关键词得到最重要的 M 个单词，在原始文本中进行标记，若形成相邻词组，则组合成含有多个词的关键词。

9.1.4　文本自动摘要

算法原理

Sophon 的自动摘要算子采用 TextRank 算法。自动摘要是从文章中自动提取关键句，即机器认为能够概括文章中心的句子。TextRank 算法是在谷歌的 PageRank 算法启发下，针对文本中的句子设计的权重算法。它利用投票的原理，让每一个单词给它的邻居（术语称为窗口）投赞成票，票的权重取决于自己的票数。PageRank 的计算公式为：

$$S(V_i) = (1-d) + d \sum_{j \in \text{In}(V_i)} \frac{1}{|\text{Out}(V_i)|} S(V_j)$$

TextRank 在 PageRank 公式的基础上引入了边权重的概念，代表两个句子的相似度：

$$\text{WS}(V_i) = (1-d) + d \times \sum_{V_j \in \text{In}(V_i)} \frac{W_{ij}}{\sum_{V_k \in \text{Out}(V_j)} W_{jk}} \text{WS}(V_j)$$

等式左边表示一个句子的权重，右边的求和表示每个相邻句子对本句的贡献程度，一般认为全部句子都是相邻的，不提取窗口。求和分母 W_{ij} 表示两个句子的相似程度，$\text{WS}(V_j)$ 代表上次迭代句 j 的权重，整个公式是一个迭代的过程。

算法流程

下面举例说明如何应用 TextRank 进行文本自动摘要。

注记 9.2：TextRank 测试数据

　　算法可大致分为基本算法、数据结构的算法、数论算法、计算几何的算法、图的算法、动态规划以及数值分析、加密算法、排序算法、检索算法、随机化算法、并行算法、厄米变形模型、随机森林算法。

　　算法可以宽泛地分为三类：

　　一、有限的确定性算法，这类算法在有限的一段时间内终止。它们可能要花很长时间来执行指定的任务，但仍将在一定的时间内终止。这类算法得出的结果常取决于输入值。

　　二、有限的非确定算法，这类算法在有限的时间内终止。然而，对于一个（或一些）给定的数值，算法的结果并不是唯一的或确定的。

　　三、无限的算法，是那些由于没有定义终止条件，或定义的条件无法由输入的数据满足而不终止运行的算法。通常，无限算法的产生是由于未能确定地定义终止条件。

　　首先对这句话断句：

注记 9.3：TextRank 断句结果

　　算法可大致分为基本算法、数据结构的算法、数论算法、计算几何的算法、图的算法、动态规划以及数值分析、加密算法、排序算法、检索算法、随机化算法、并行算法、厄米变形模型、随机森林算法算法可以宽泛地分为三类：

一

有限的确定性算法

这类算法在有限的一段时间内终止它们可能要花很长时间来执行指定的任务

但仍将在一定的时间内终止这类算法得出的结果常取决于输入值

二

有限的非确定算法这类算法在有限的时间内终止

然而

对于一个（或一些）给定的数值算法的结果并不是唯一的或确定的

三

无限的算法是那些由于没有定义终止条件

或定义的条件无法由输入的数据满足而不终止运行的算法

通常

无限算法的产生是由于未能确定地定义终止条件

分词并过滤停用词：

注记 9.4：TextRank 分词并过滤停用词结果

[算法，大致，分，基本，算法，数据，结构，算法，数论，算法，计算，几何，算法，图，算法，动态，规划，数值，分析，加密，算法，排序，算法，检索，算法，随机，化，算法，并行，算法，厄，米，变形，模型，随机，森林，算法]

[算法，宽泛，分为，三类]

[]

[有限，确定性，算法]

[类，算法，有限，一段，时间，终止]

[可能，花，长，时间，执行，指定，任务]

[一定，时间，终止]

[类，算法，得出，常，取决，输入，值]

[二]

[有限，非，确定，算法]

[类，算法，有限，时间，终止]

[]

[一个，定，数值]

[算法，唯一，确定]

[三]

[无限，算法]

[没有，定义，终止，条件]

[定义，条件，无法，输入，数据，满足，终止，运行，算法]

[通常]

[无限，算法，产生，未，确定，定义，终止，条件]

此时计算 BM25 相关性矩阵可以得到结果如图 9-5 所示。

15.18	-2.60	0.00	-2.87	-2.19	0.00	0.00	-2.03	0.00	-2.60	-2.38	0.00	2.51	-2.87	0.00	-5.31	0.00	-0.23	0.00	-1.83
-0.29	8.52	0.00	-0.24	-0.18	0.00	0.00	-0.17	0.00	-0.22	-0.20	0.00	-0.24	-0.27	0.00		-0.15	0.00	-0.16	
0.00	0.00	0.00	0.00	0.00	0.00	0.00	0.00	0.00	0.00	0.00	0.00	0.00	0.00	0.00	0.00	0.00	0.00	0.00	
-0.29	-0.22	0.00	4.60	1.06	0.00	0.00	-0.17	0.00	1.26	1.15	0.00	-0.24	-0.27	0.00		-0.15	0.00	-0.16	
-0.29	-0.22	0.00	1.39	7.06	1.15	2.63	1.26	0.00	1.26	5.01	0.00	-0.24	-0.27	0.00	0.83	0.47	0.00	0.50	
0.00	0.00	0.00	0.00	1.24	14.80	1.63	0.00	0.00	0.00	1.35	0.00	0.00	0.00	0.00	0.83	0.62	0.00	0.66	
0.00	0.00	0.00	0.00	2.01	1.15	5.85	0.00	0.00	0.00	2.18	0.00	0.00	0.00	0.00	0.83	0.62	0.00	0.66	
-0.29	-0.22	0.00	-0.24	1.36	0.00	0.00	12.13	0.00	-0.22	1.47	0.00	-0.24	-0.27	0.00		1.40	0.00	-0.16	
0.00	0.00	0.00	0.00	0.00	0.00	4.05	0.00	0.00	0.00	0.00	0.00	0.00	0.00	0.00		0.00	0.00	0.00	
-0.29	-0.22	0.00	1.39	1.06	0.00	0.00	-0.17	0.00	6.00	1.15	0.00	1.78	-0.27	0.00		-0.15	0.00	1.17	
-0.29	-0.22	0.00	1.39	4.61	1.15	2.63	1.26	0.00	1.26	5.01	0.00	-0.24	-0.27	0.00	0.83	0.47	0.00	0.50	
0.00	0.00	0.00	0.00	0.00	0.00	0.00	0.00	0.00	0.00	0.00	0.00	8.94	0.00	0.00		0.00	0.00	0.00	
-0.29	-0.22	0.00	-0.24	-0.18	0.00	0.00	-0.17	0.00	1.61	-0.20	0.00	4.99	-0.27	0.00		-0.15	0.00	1.17	
0.00	0.00	0.00	0.00	0.00	0.00	0.00	0.00	0.00	0.00	0.00	0.00	0.00	4.05	0.00		0.00	0.00	0.00	
-0.29	-0.22	0.00	-0.24	-0.18	0.00	0.00	-0.17	0.00	-0.22	-0.20	0.00	-0.24	-0.27	0.00	2.53	-0.15	0.00	1.50	
0.00	-0.22	0.00	0.00	0.77	0.00	1.01	0.00	0.00	0.00	0.83	0.00	0.00	0.00	0.00	9.89	4.35	0.00	4.65	
0.27	-0.22	0.00	-0.24	0.58	0.00	1.01	1.61	0.00	-0.22	0.63	0.00	-0.24	-0.27	0.00	4.87	12.01	0.00	3.16	
0.00	0.00	0.00	0.00	0.00	0.00	0.00	0.00	0.00	0.00	0.00	0.00	0.00	0.00	0.00		0.00	4.05	0.00	
-0.29	-0.22	0.00	-0.24	0.58	0.00	1.01	-0.17	0.00	1.61	0.63	0.00	1.78	2.53	4.87	2.96	0.00	10.38		

图 9-5　文本摘要中 BM25 相关性矩阵的示例

迭代后，得到如下结果：

注记 9.5：TextRank 结果

这类算法在有限的一段时间内终止

这类算法在有限的时间内终止

无限算法的产生是由于未能确定地定义终止条件

分别对应原文：

注记 9.6：TextRank 结果

算法可大致分为基本算法、数据结构的算法、数论算法、计算几何的算法、图的算法、动态规划以及数值分析、加密算法、排序算法、检索算法、随机化算法、并行算法、厄米变形模型、随机森林算法。

算法可以宽泛地分为三类：

一、有限的确定性算法，这类算法在有限的一段时间内终止。它们可能要花很长时间来执行指定的任务，但仍将在一定的时间内终止。这类算法得出的结果常取决于输入值。

二、有限的非确定算法，这类算法在有限的时间内终止。然而，对于一个（或一些）给定的数值，算法的结果并不是唯一的或确定的。

三、无限的算法，是那些由于没有定义终止条件，或定义的条件无法由输入的数据满足而不终止运行的算法。通常，无限算法的产生是由于未能确定地定义终止条件。

9.1.5　文本情感分析

算法原理

文本情感分析作为 NLP 的常见任务，具有很高的实际应用价值。Sophon 中的文本分类算子采用长短时记忆（Long Short-Term Memory，LSTM）模型，训练一个能够识别文本的三种情感（positive、neutral 和 negative）的分类器。

RNN 应用场景

RNN 的目的在于处理序列数据。在传统神经网络中，从输入层到输出层，层与层之间是全连接的。RNN 之所以被称为循环神经网络，是因为网络会对前面的信息进行记忆并应用于当前的输出计算中，即隐藏层之间的节点不再是无连接的，并且隐藏层的输入不仅包括输入层，还包括上一时刻隐藏层的输出。图 9-6 是一个典型的 RNN。

图 9-6　典型的 RNN 结构

词向量

简单来说，Word2Vec 就是使用高维向量（词向量）来表示词语，并把相近意思的词语放在相近的位置，而且用的是实数向量（不局限于整数）。我们只需要有大量语料，就可以用它来训练模型，以获得词向量。词向量是用低维度稠密向量来表示单词的语义信息。

另外的一些好处是：词向量可以方便做聚类，用欧氏距离或余弦相似度都可以找出两个具有相近意思的词语。这就相当于解决了"一义多词"的问题（遗憾的是，似乎没什么好思路可以解决一词多义的问题）。

关于 Word2Vec 的数学原理，读者可以参考论文 [34]。而对于 Word2Vec 的实现，谷歌官方提供了 C 语言的源代码，读者可以自行编译。Python 的 Gensim 库中也提供有现成的 Word2Vec 作为子库（事实上，这个版本比官方版本更加强大）。

句向量

接下来要解决的问题是：我们已经分好词，并且已经将词语转换为高维向量，那么句子就对应着词向量的集合，也就是矩阵，类似于图像处理，图像数字化后也对应一个像素矩阵。可是模型的输入一般只接受一维的特征，那怎么办呢？在自然语言处理中，通常用到的方法是循环神经网络。其作用与卷积神经网络是一样的，即将矩阵形式的输入编码为较低维度的一维向量，而保留大多数有用信息。

算法流程

总结起来，情感分析的算法流程（如图 9-7 所示）可以概括如下：

1）将不同数据整理成输入矩阵；

2）分词；

3）Word2Vec 词向量模型训练；

4）用 LSTM 输出与 ground truth 来比较训练模型；

5）使用模型进行文本情感判别，当前模型涉及的情感包括 positive、negative 和 neural。

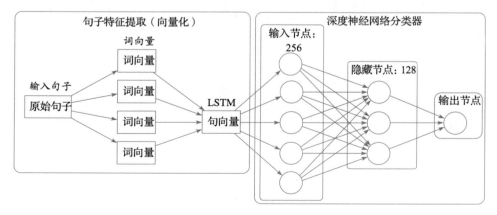

图 9-7　情感分析完整流程图

9.2　使用 Sophon 建立自然语言处理模型

本节我们将通过 Sophon 平台对自然语言的场景进行建模与分析。

9.2.1　场景介绍

文本分类是自然语言中最常见且最经典的场景，常见的文本分类有新闻文本分类、情感分析、意图判断等。文本分类的解决方法主要可以分成两类：①基于传统机器学习的文本分类；②基于深度学习的文本分类。本节采用第一种方法结合 Sophon 中传统机器学习算子的实现来进行文本分类的流程搭建。

9.2.2　建模流程

通常的文本分类处理流程如图 9-8 所示，主要步骤有文本预处理、文本特征提取、分类模型构建、分类结果评估，在 Sophon 中，结合现有 Sophon 算子及以上流程，可以对文本分类进行建模。

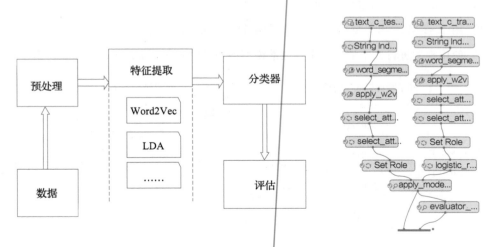

图 9-8　通常的文本分类处理流程、文本分类建模流程以及参数设置

首先，为文本的 label 列建立索引，将文本的标签（文本，例如新闻分类任务中的 IT 和体育）转换为数字；然后对文本进行分词，接着通过预训练的词向量对文本进行特征提取；设置完角色后将文本的特征向量和标签输入逻辑回归模型中进行分类训练（对于预测文本，流程也是一样的）；最后通过评估算子对模型进行评估。

9.2.3　模型评估

运行模型后，点击查看实验结果。通过 Sophon 的可视化评估结果，我们可以看到模型在测试集上的 recall 和 precision。本实验的结果如图 9-9 和图 9-10 所示，可以看到文本分类的效果还是不错的。

序号	label double label	v2 struct<type:tinyint,size:int,indices:array<int>,val feature	rawPrediction struct<type:tinyint,size:int,indices:array<int>,val feature	probability struct<type:tinyint,size:int,indices:array<int>,val regular	prediction double prediction
1	1.00	[0.06,-0.03,0.05,-0.25,0.06,0.05,-0.00,0.1...	[-28.95,28.95]	[0.00,1.00]	1.00
2	1.00	[-0.02,0.00,0.03,-0.10,-0.03,0.03,0.02,0.0...	[-12.59,12.59]	[0.00,1.00]	1.00
3	1.00	[-0.05,-0.02,0.05,-0.16,-0.03,0.04,-0.02,0...	[-13.23,13.23]	[0.00,1.00]	1.00
4	1.00	[-0.03,0.00,0.02,-0.08,-0.02,0.02,-0.02,0...	[-9.71,9.71]	[0.00,1.00]	1.00
5	1.00	[-0.03,-0.01,0.01,-0.12,-0.01,0.02,0.01,0...	[-15.75,15.75]	[0.00,1.00]	1.00
6	0.00	[-0.01,0.01,0.04,-0.05,-0.03,0.00,-0.00,0...	[5.44,-5.44]	[1.00,0.00]	0.00
7	0.00	[-0.06,-0.03,-0.01,-0.11,0.03,0.02,0.0,0...	[21.28,-21.28]	[1.00,0.00]	0.00
8	0.00	[-0.05,-0.04,0.05,-0.08,0.03,0.04,0.04,0.1...	[14.62,-14.62]	[1.00,0.00]	0.00
9	0.00	[-0.05,0.03,-0.00,-0.10,0.02,-0.01,0.04,0...	[19.20,-19.20]	[1.00,0.00]	0.00
10	0.00	[-0.11,-0.02,0.03,-0.14,-0.01,-0.03,0.08,0...	[13.00,-13.00]	[1.00,0.00]	0.00

图 9-9　模型预测结果

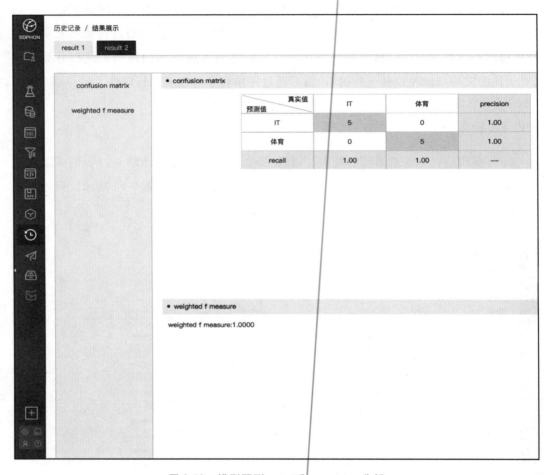

图 9-10　模型预测 recall 和 precision 分析

9.3　落地案例

本节通过介绍在某大型机构落地的命名实体提取项目来更好地理解 NLP 的任务。项目需要处理搜集到的海量信息数据，希望能够提取出信息数据中的人名和银行名称实体。

项目流程可以参见 9.4 节的图 9-13。因篇幅所限，这里不会涉及数据获取的爬虫部分。在数据处理阶段，由于信息中存在大量未处理的全角标点、HTML tag、非常用空格符号以及一系列乱码，因此需要通过分析输入数据的特性来编写处理脚本，进而保证输出干净的数据。一段典型的脚本示例如代码清单 9-1 所示。

代码清单 9-1　NLP 数据清洗脚本示例

```python
import re
class Data_process (object):
    ...
    ...
    def replace_html(self, s):
    """
处理 HTML 标记
    """
        s = s. replace ('&quot;','"')
        s = s. replace ('&amp;','&')
        s = s. replace ('&lt;','< ')
        s = s. replace ('&gt;','> ')
        s = s. replace (' ','。 ')
        s = s. replace ("&ldquo;",""")
        s = s. replace ("&rdquo;",""")
        s = s. replace ("&mdash;","")
        s = s. replace ("\ xa0","。")
        return s
```

数据标注由专门的标注团队进行处理。在得到初步版本的模型后，可以使用它对后续需要标注的数据进行预标注，以提升标注团队的效率。

注记 9.7：标注结果

比如标注姓名，那么"每经编辑刘玲"经过标注后会存储成：

每　经　编　辑　□　刘　玲

0　0　0　0　0　B-P　I-P

随后可以采用经典的序列标注模型 BiLSTM＋CRF（如图 9-11 所示）来进行训练。训练集、验证集和测试集的比例为 8:1:1。

　　这里可以使用模型对原标注数据进行再标注（如图 9-12 所示），供用户审阅。由此可以发现一些错误标注，并发现模型的错误类型，以提升训练数据的质量和模型性能。

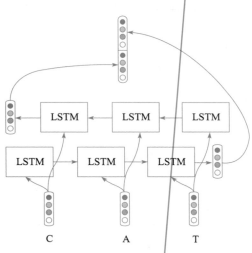

图 9-11　BiLSTM＋CRF 训练流程示意图

值得注意的是,在2009年,John$Fenwick曾是Skybox$Imaging的联合创始人之一,Michael$Trela也随后加入
predict:[{'word': 'Michael$Trela', 'start': 51, 'end': 63, 'type': 'P'}]
golden :[{'word': 'John$Fenwick', 'start': 14, 'end': 25, 'type': 'P'}, {'word': 'Michael$Trela', 'start

扬子江药业集团董事长徐镜人曾提到:药品审批迟滞现象多年来一直被诟病,一个新药的审批可能要花两年到五年的时间,长一
predict:[]
golden :[{'word': '徐镜人', 'start': 10, 'end': 12, 'type': 'P'}]

执掌帅印仅三年的邱三发在2017年底卸任,由原江西省金融办主任胡伏云接任总裁
predict:[{'word': '帅印', 'start': 2, 'end': 3, 'type': 'P'}, {'word': '邱三发', 'start': 8, 'end': 10,
'start': 31, 'end': 33, 'type': 'P'}]
golden :[{'word': '邱三发', 'start': 8, 'end': 10, 'type': 'P'}, {'word': '胡伏云', 'start': 31, 'end':

图 9-12　使用模型对原标注数据进行再标注的效果图

　　最终模型将以 ModelServer 的方式提供给用户访问或以 pb 文件的形式供用户灵活使用。使用 Sophon NLP 工具链，最终的模型表现参考表 9-1。

表 9-1　某银行命名实体识别项目最终模型表现

实体类别	准确率	召回率	F value
人名	96.34％	95.70％	96.02％
银行	94.78％	95.50％	95.14％

9.4 本章小结

本章对 Sophon NLP 中涉及的算法应用场景和具体原理进行了介绍，并且以文本分类这一常见场景为例，使用 Sophon 的算子对其进行了建模，还分析了其效果。当然，Sophon 中集成的不止以上介绍的相关算法，还集成了 TF-IDF、新词发现、生成句向量等常用 NLP 算法，受篇幅所限，这里没有介绍，感兴趣的读者可以参阅其他文献。NLP 任务流程概述如图 9-13 所示。

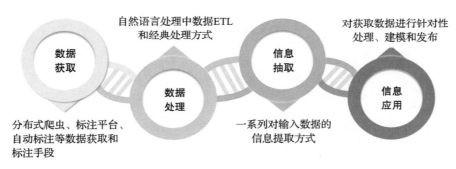

图 9-13 NLP 任务流程概述

NLP 作为人工智能的一个子领域，有着很广泛的应用场景，机器翻译、文本分类、知识图谱、问答系统和聊天机器人、舆情监控、搜索等应用场景都和 NLP 息息相关[27]。

不过必须承认的是，NLP 相对于 CV 和传统机器学习来说还不够成熟，尤其是中文的 NLP。但值得高兴的是，近年来，NLP 的发展还是比较迅猛的，各种先进的结构（如 transformer/attention 等）以及预训练模型（ELMO[37]、BERT[13] 和 GPT-2[38]）在不断地提升各种 NLP 任务的准确率，中文的 NLP 研究也取得了比较大的突破。编者相信在计算力迅猛发展、模型不断创新的未来，NLP 将越来越成熟，并为生活中的各种场景提供支撑。

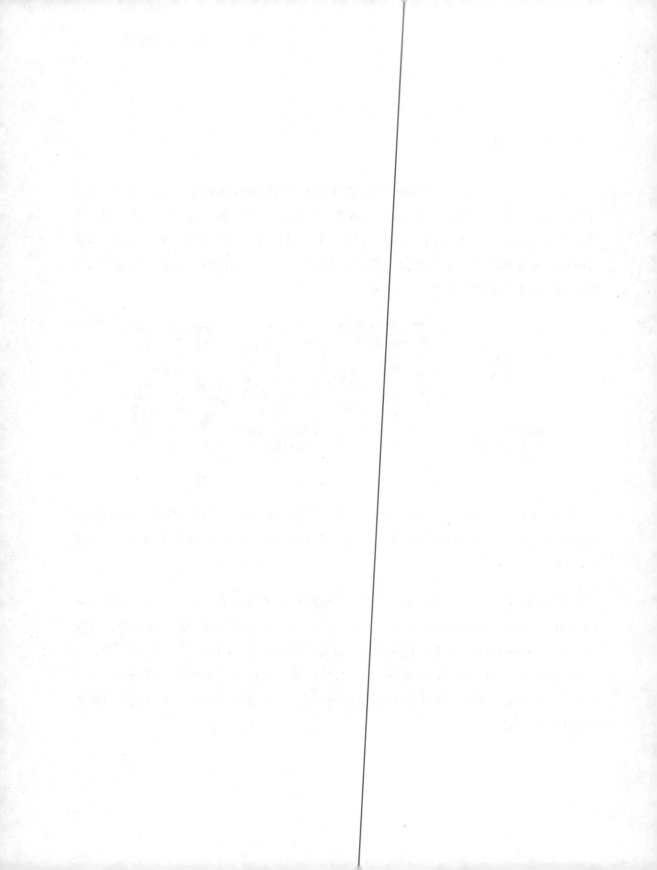

第 10 章

计算机视觉

10.1　计算机视觉概述

计算机视觉（computer vision）是使用计算机及相关设备对生物视觉的一种模拟。用计算机信息处理的方法研究人类视觉的机理，建立人类视觉的计算理论，这方面的研究被称为计算视觉（computational vision）。计算机视觉采用各种成像系统（如相机、传感器等）来代替视觉器官作为输入敏感手段，由计算机来代替大脑完成处理和解释，最终使计算机能像人那样通过视觉观察和理解世界，具有自主适应环境的能力。计算机视觉技术广泛应用于各个领域。

10.2　计算机视觉算法原理

10.2.1　图像分类

图像分类概述

图像分类主要解决"是什么"的问题，是计算机视觉领域最基础、应用最广泛的方向之一。图像分类是先建立图像内容的描述，然后利用机器学习或深度学习方法学习图像类别，最后利用学习得到的模型从给定的分类集合中给图像分配一个标签的任务。图像分类包括但不限于以下场景：对象分类、场景分类、事件分类、情感分类等。主要应用包括车型分类、车牌识别、火灾烟雾报警等。

图像分类流程

搭建基于深度学习的图像分类算法，从流程上可分为数据集采集、模型训练、模型评估三个阶段。

（1）数据集采集

构建深度学习网络的第一步是收集原始的数据集。我们需要图像以及与图像相关的标签，标签应当是一个有限的类别集合。图像分类中的输入是包含 N 个图像的集合，每个图像的标签是 K 种分类标签中的一种，每个种类中的图像数据应当是均匀的（例如，每个类别的图像数目相同）。如果数目不同则会造成类别失衡，类别失衡是机器学习的常见问题。有多种不同的方法可用于应对类别失衡的问题，但是解决类别失衡产生的学习问题的最佳方法是尽量均匀采集各类样本。对于已采集的数据，需将其划分为训练集、验证集和测试集，比较合理的比例划分有 6:2:2、7:2:1 和 8:1:1 等。

（2）模型训练

模型训练包括特征提取、分类器的选择以及分类损失函数设计等步骤。对于传统的机器学习，会设计不同的特征提取算子（如统计特征和结构特征）；而对于深度学习分类算法，则是通过设计不同的网络结构（如 VGG、AlexNet、ResNet 等卷积神经网络）来提取图像的特征，常用示例有：AlexNet 作为 backbone 构建图像分类模型（如图 10-1 所示），存在 9 层网络。

卷积神经网络提取输入图像的特征向量，通过 softmax 等分类函数得到对应输入图像的目标类别，然后计算图像类别和已知标签的距离，不断调整模型参数以使损失函数逐渐减小。

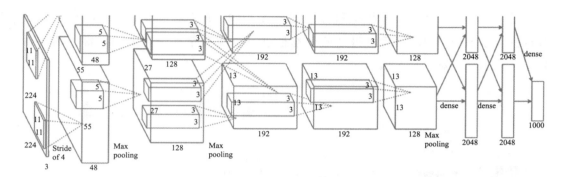

图 10-1　AlexNet 分类

（3）模型评估

待测试图像首先经过预处理，得到标准输入图像，然后通过已训练好的模型进行特征提取和分类，得到目标属于各个类别的概率值，最后选取概率值最大的那个类别作为最终的图像类别。在图像分类中，通常通过计算分类准确率来评估模型性能。

10.2.2　目标检测

目标检测概述

目标检测解决"是什么、在哪里"的问题。目标检测的任务是找出图像中所有感兴趣的目标，并确定它们的位置和大小，这也是计算机视觉领域的核心问题之一。由于各类物体有不同的外观、形状和姿态，加上成像时光照、遮挡等因素的干扰，目标检测一直是计算机视觉领域最具挑战性的问题之一。目标检测广泛应用于车牌识别、人脸识别等场景中。

目标检测流程

目标检测分为传统目标检测和深度学习目标检测。目前主流方法为深度学习目标检测。深度学习目标检测主要分为两种类型：

- ❑ 基于区域候选框的目标检测
- ❑ 端到端的目标检测

基于区域候选框的目标检测将检测分为两个步骤：首先通过设计不同的网络结构，提取到多个 proposal；然后对得到的候选框进行分类和精确位置回归。常见的包括 Faster-RCNN 系列（如图 10-2 所示）。

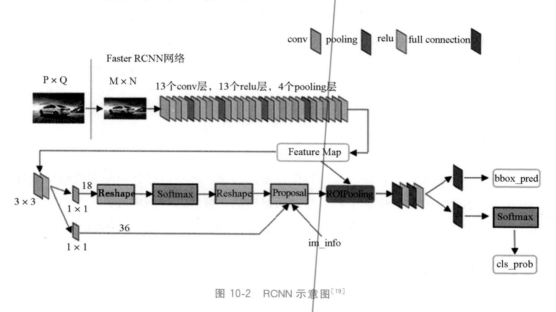

图 10-2   RCNN 示意图[19]

注记 10.1：Faster-RCNN 的检测流程

1. 输入测试图像；

2. 将整张图片输入到 CNN 中，进行特征提取；

3. 用 RPN 生成建议（proposal）窗口，每张图片生成 300 个建议窗口；

4. 把建议窗口映射到 CNN 的最后一层卷积 Feature Map 上；

5. 通过 ROI pooling 层使每个 ROI 生成固定尺寸的 Feature Map；

6. 利用 Softmax Loss（探测分类概率）和 Smooth L1 Loss（探测边框回归）对分类概率和边框回归（Bounding box regression）联合训练。

基于端到端的目标检测无须提取候选区域，可以端到端进行目标检测，主要的算法包括 YOLO 系列、SSD 等，YOLO 系列通过回归来实现目标检测，而 SSD 系列结合了前两者的优点。经典的 YOLOv1 框架如图 10-3 所示。

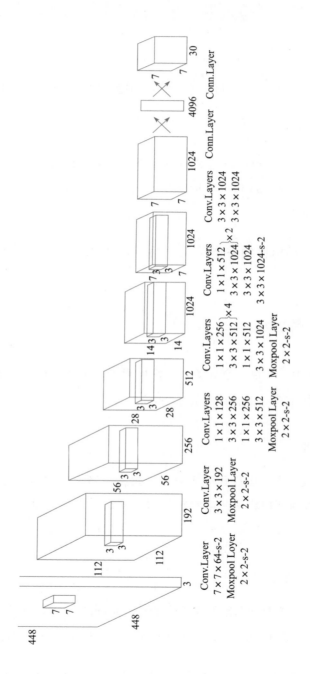

图10-3　YOLO 示意图[39]

> **注记 10.2：YOLO 的检测流程**
>
> 1. 输入测试图像；
>
> 2. 将整张图片输入到 CNN 中，进行特征提取；
>
> 3. 将图像分为 7×7 的均匀小网格，直接回归目标边框坐标和每个小网格的目标类别。

两级的目标检测通常比较烦琐，如 Faster-RCNN 系列耗时比较严重，YOLO 系列速度较快（但目标边框精度不如 Faster-RCNN 系列），而 SSD 系列结合了二者的优点（是目标检测算法的趋势）。

此外，需要注意，目标检测一般采用平均精度均值（mean Average Precision，mAP）来评估模型性能。

10.3 计算机视觉模型示例

Sophon Notebook 中可实现图像分类、目标检测等多类图像算法建模，同时，Sophon 中集成了灵活好用的多类图像建模算子 Sophon CV。

10.3.1 图像预处理

Sophon CV 中集成了多类图像预处理算子，包括翻转、平移、裁剪、滤波、锐化等，通过调用各类图像预处理算子，可实现数据集扩增、丰富场景，并且有助于训练更鲁棒的模型，如图 10-4 和图 10-5 所示。

10.3.2 图像分类算法建模

通过调用 Sophon CV 产品同名图像建模算法工具包 SophonCV，可以快速灵活地搭建以 AlexNet、VGG、LeNet、GoogLeNet、ResNet 等网络为 backbone 的图像分类算法。

Sophon CV 图像分类算法建模分为网络选择、参数初始化、数据预处理、模型训练以及模型测试等步骤。网络选择阶段定义 backbone 网络结构及任务类型；参数初始化包括输入输出大小、优化器参数、batch_size 等参数；数据预处理包括设置输入文件路径、checkpoint 输出路径等；通过设置好的网络、参数及数据，开始模型训练及测试流程。Python 调用非常简单（如代码清单 10-1 所示）。

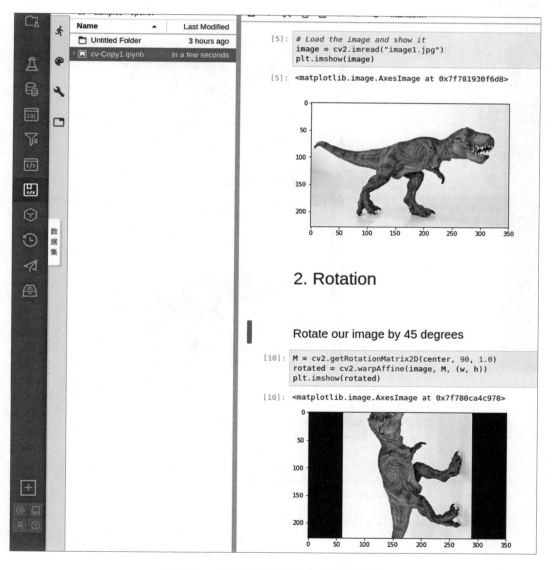

图 10-4　图像预处理示意图：缩放和旋转

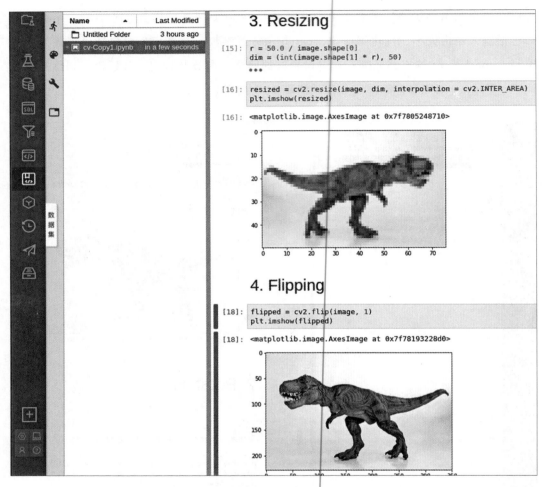

图 10-5　图像预处理示意图：缩放和镜像

代码清单 10-1　图像分类算法建模的 Python 调用

```
##  载入 CV 包
import SophonCV
from SophonCV.classification import Classification
from SophonCV.config import cfg
##  选择网络
task_name = ' image_classification'
algorithms_name = ' lenet'
net_name = ' lenet'
##  初始化
mynet = Classification (task_name, algorithms_name, net_name, net_param, train_param)
```

```
##  处理数据
mynet.prepare (imagepath, labelpath, data_output_dir )
##  训练
mynet.train (data_dir, train_output_dir, train_param)
##  测试
mynet.test (data_dir, checkpoints_dir, train_param)
##  固化
mynet.freeze (checkpoints_dir, output_node_names, savepath, model_name)#
##  单张图片测试
mynet.infer (model_path, image, imagename, savepath)
```

程序细节和 Notebook 界面如图 10-6 所示。

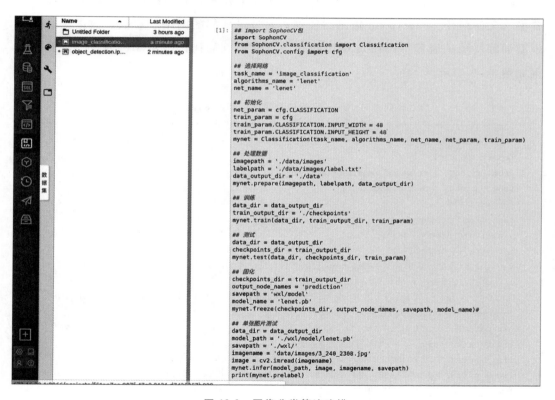

图 10-6 图像分类算法建模

10.3.3 目标检测算法建模

通过调用 SophonCV 图像建模算法工具包，可以快速灵活地搭建以 MobileNet、

InceptionV2、InceptionV3、ResNet101 等网络为 backbone 的，包括 SSD、FasterRC-NN、RFCN 等的目标检测算法。

　　SophonCV 目标检测算法建模分为网络选择、参数初始化及标签处理、数据预处理、模型训练、模型测试等步骤。网络选择阶段首先定义目标检测算法，SophonCV 中集成了 "faster_rcnn" "ssd" "rfcn" 等目标检测算法的快速实现算子，其次 backbone 网络的定义也在网络选择阶段实现；参数初始化及标签处理阶段除了定义与图像分类算法类似的诸如输入输出大小、优化器参数、batch_size 等参数以外，还需要定义目标检测算法特有的标签列表，以及不同目标检测算法特有的参数；数据预处理包括设置输入文件路径、checkpoint 输出路径等；通过设置好的网络、参数、数据集，开始模型训练及测试流程。Python 调用同样非常简单（如代码清单 10-2 所示），预测结果如图 10-7 所示。

代码清单 10-2　目标检测算法建模的 Python 调用

```python
## 载入 SophonCV 包
import SophonCV
from SophonCV.detection import Detection
from SophonCV.config import cfg
## 选择网络
task_name = 'detection'
algorithms_name = 'faster_rcnn'
net_name = 'resnet101'
## 初始化,生成标签 xxx_label_map.pbtxt 和网络结构文件 xxx.config
map_dict =['aeroplane', 'bicycle', 'bird', 'boat', 'bottle', 'bus',
'car', 'cat', 'chair', 'cow', 'diningtable', 'dog', 'horse', 'motorbike',
'person', 'pottedplant', 'sheep', 'sofa', 'train', 'tvmonitor']
net_param = cfg.CLASSIFICATION
train_param = cfg
train_param.TRAIN.MAP_DICT = map_dict
train_param.TRAIN.LABEL_MAP_PATH = './det/pascal_label_map.pbtxt'
train_param.TRAIN.PIPELINE_CONFIG_PATH = \
'./det/faster_rcnn_resnet101.config'
mynet = Detection (task_name, algorithms_name, net_name, net_param, train_param)
## 处理数据
mynet.prepare (imagepath, labelpath, data_output_dir)
## 训练
mynet.train (data_dir, train_output_dir, train_param)
```

```
##   测试
mynet. test (data_dir, checkpoints_path, train_param, output_dir )
##   固化
mynet. freeze (checkpoints_path, output_node_names, savepath, model_name )
##   单张图片测试
mynet. infer (model_path, image, filename, savepath)
```

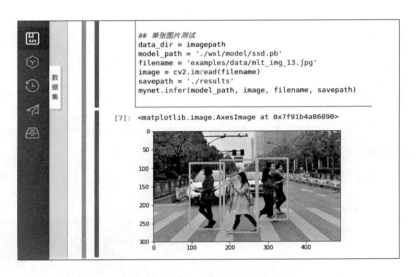

图 10-7　在 Notebook 中查看目标检测单张图预测结果

10.4　落地案例

通过调用 SophonCV 图像建模算法工具包，可以实现多类图像算法建模，并基于特定需求实现完整的定制化场景图像分析解决方案。以某大型企业针对特定场景实现车辆完整属性分析的需求为例，该需求依赖多类复杂的图像算法建模，包括目标检测算法、图像分类算法、特征提取算法等，单个子模块的图像算法建模 Python 调用可参考代码清单 10-1 和代码清单 10-2，程序细节和 Notebook 界面可参见图 10-6。对于依赖多类图像模型的场景建模测试，可以初始化加载多个模型文件，并设计合理的调用规则，Python 的调用流程也比较简单（如代码清单 10-3 所示），预测结果如图 10-8 所示。所有敏感信息和识别结果都已脱敏处理。

代码清单 10-3　依赖多模型的场景建模测试 Python 调用

```
##  单张图片测试
data_dir = imagepath
model1_path = ' / model / vehicle / model1 '
model 2_path = ' / model / vehicle / model2 '
model 3_path = ' / model / vehicle / model3 '
filename = ' station. png '
image = cv2. imread (filename)
savepath = './ results '
mynet1. infer (model_path 1, image, filename, savepath)
mynet2. infer (model_path 2, image, filename, savepath)
mynet2. infer (model_path 2, image, filename, savepath)
plt. imshow (image )
```

图 10-8　基于场景建模单张图预测结果

10.5　本章小结

本章对 Sophon CV 中涉及的算法应用场景和具体原理进行了介绍，并且展示了如何直接使用 Notebook 对图像分类和图像目标检测进行建模。实际上，CV 模块的核心功能包括动作序列挖掘、模型预测、异常信息抽取等子功能，CV 场景概述如图 10-9 所示。用户可直接对接 Sophon Base 平台数据建模结果，进行端到端的图像挖掘，打造精益求精的智能视频分析应用。

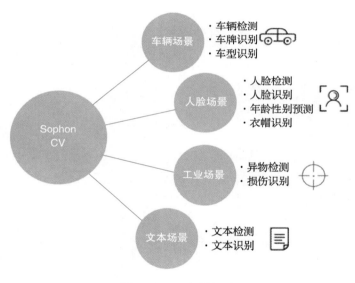

图 10-9　CV 场景概述

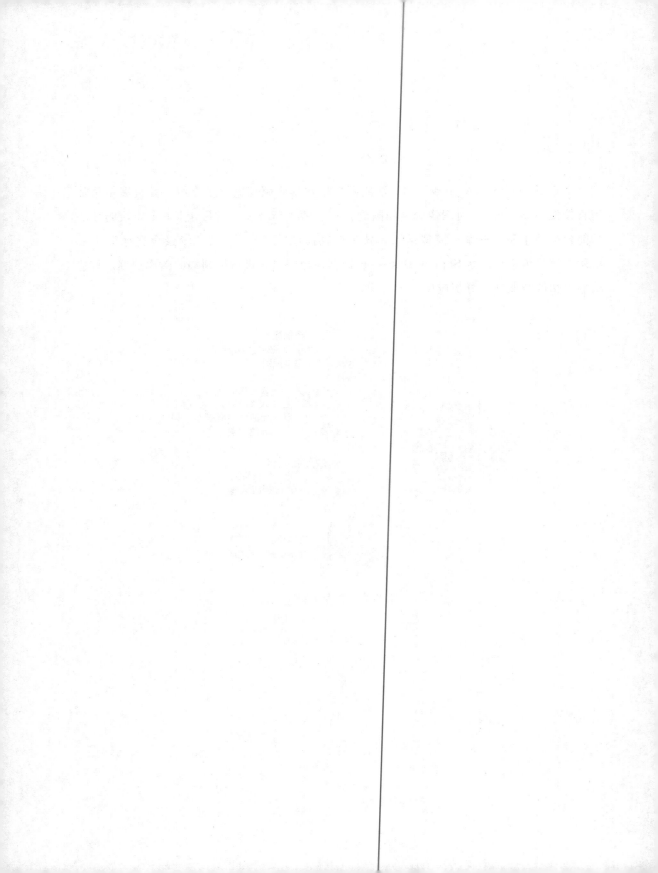

附录 A

企业级人工智能应用平台 Sophon

Sophon 是一款一站式人工智能平台。基于本平台，用户可以快速完成从特征工程、模型训练到模型上线的机器学习全生命周期开发工作。为了引导用户快速构建特定场景的解决方案，Sophon 平台提供了多场景的实验加工模板；同时，平台的 Data Mart 模块打破原来以表为中心的数据管理方式，构建了以实体为中心、从"关系"和"特征"维度刻画实体的新兴数据管理方式；为了让数据科学家更加灵活地加工模型，Sophon 平台提供了可视化建模和代码建模两种建模方式；平台的 Model Mart 模块，使模型的上架、上线及线上监控更加便捷。除此之外，Sophon 平台还集成了大量面向行业领域的分析工具，包括知识图谱工具、实体画像工具、报表工具、视频分析工具等，以将 Sophon 平台打造成一款集数据处理、模型加工、线上监控和数据分析为一体的人工智能基础平台（如图 A-1 所示）。

图 A-1 星环企业级人工智能应用平台 Sophon

A.1 产品架构

Sophon 由下到上可分为两个层级（如图 A-2 所示）：

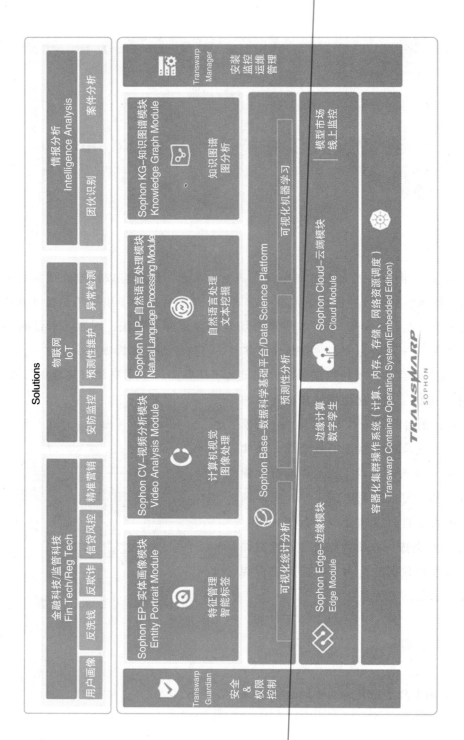

图 A-2   Sophon 架构图

❑ 底层基础平台层（包含 3 个模块）：Sophon Base、Sophon Edge 和 Sophon Cloud。Sophon Base 数据科学基础平台具备完整的数据探索、多数据源接入、实验调度、智能分析、用户资产以及平台管理等功能。Sophon Edge 边缘模块主要是解决物与物的连接、物与人的连接、物与 AI 的连接以及物与云的连接。Sophon Cloud 云端模块是模型生命周期管理中最重要的组成部分之一，为用户提供完整的模型上线闭环，帮助用户更加便捷地对线上服务进行管理，以实现模型价值。

❑ 上层业务模型层（包含 4 个模块）：Sophon EP、Sophon CV、Sophon NLP 和 Sophon KG。Sophon EP 实体画像模块作为一款面向全行业的标签管理及画像系统，支持用户实现基础数据到标签数据的快速加工、标签数据到画像的灵活展现；Sophon CV 视频分析模块运用先进的机器学习和深度学习算法来对图像数据进行深度洞察；Sophon NLP 自然语言处理模块支持从文本爬取和标注，到文本清洗、语料库建设、语义理解、语言推理等方方面面解决行业应用难题；Sophon KG 知识图谱模块支持实体间多关系图的分析展示、动态时间轴筛选、分析案例的时间演进变化、多种关系图的布局设置、实体/关系的属性编辑，同时借助各种图计算算法，助力用户发现更有价值的图谱数据。

A.2　技术特点

Sophon 作为一款强大的人工智能基础平台，具有以下六大技术特点：

❑ 云原生模型服务：为用户搭建了发布、订阅模型服务的云平台，拥有海量的具备敏捷、可靠、可扩展、高弹性、可故障恢复、不中断业务持续更新等特性的模型服务，为应用层提供强大的技术保证；同时支持按用途、架构等维度对模型服务进行分类，方便用户订阅应用。

❑ 渐进式模型迭代：用户通过 ETL 处理、模型训练、模型上架等实验完成定时的模型迭代上线；通过任务流的周期管理来控制模型迭代上线的频率；结合容器的模型上线系统，使得滚动发布、横向扩容更加简单。

❑ 云边一体模型部署：打通云端、边缘端的连接桥梁，一方面为保障将云端的模型、函数、应用成功分发至边缘端，并支持对部署模型的实时监测；另一方面支持数据流在云端、边缘端的实时共享，以实现云边一体化。

- 以实体为中心的特征管理：Sophon 平台为用户提供了以实体和关系为中心的数据市场，打破以表为中心的数据处理方式，对结构化与非结构化的数据进行超融合处理。将实体中的属性（特征、指标）作为打通特征工程和模型训练的桥梁，同时将实体和关系作为图谱构建的基础，保证数据处理、加工、分析、应用的融合统一。

- 可视化建模：Sophon 平台将可视化做到了极致，拥有数据读取、ETL、特征工程、模型训练、模型应用、模型评估等全流程拖曳式建模的强大能力，无须编写代码即可完成建模。卓越的 ETL 处理能力、大量的高性能算子、一站式的界面操作，不仅能保障普通数据分析师和业务人员迅速上手机器学习，还能为资深数据科学家提供高效率的交互式体验并缩短模型精度提升的周期。此外，Sophon 平台还支持以自定义算子等方式编写代码，完成特定高级功能的开发，无缝切换，为用户提供高度统一的操作体验。

- 场景化实验模板：多样化的实验场景模板、一站式的界面操作，能够引导用户根据模板迅速创建实验。Sophon 一站式的 AI 开发平台支持海量数据预处理、大规模分布式训练、自动化模型生成，并具备端-边-云模型按需部署能力，可帮助用户快速完成不同业务场景实验的创建和部署，从而以更完美的体验来满足用户全周期 AI 任务流的创建与管理。

A.3 Sophon Base 组件介绍

Sophon Base 基础模块

Sophon Base 作为一个基础平台，整个操作流程包含数据导入、数据探索、实验管理、任务流调度、用户资产、智能分析等模块（如图 A-3 所示）。

（1）数据导入（Data Import）

支持多种数据源。用户可以通过多种方式导入数据，除了跟 Transwarp Data Hub

进行深度对接以外，还支持多种数据源，包括 RDBS、HDFS、ORC、Parquet、本地 CSV 等。支持 HDFS/NFS 两种文件系统，为用户暴露统一的文件操作 API。

图 A-3 Sophon Base

（2）数据探索（Data Explore）

支持 SQL 探索、Notebook 探索两种数据探索方式。除了满足用户数据探索功能之外，还支持通过 SQL 语句或通过 Notebook 编写 Python/R 语言脚本的方式来进行数据分析等相关工作。用户可查看每列数据的分布以及描述统计值，也可对多列数据进行多维度的交叉分析，支持柱状图、饼图、散点图等多种可视化展现方式，从而为后续的数据预处理和特征工程做准备。

（3）实验管理（Experiment Management）

实验作为被调度的最小单元，根据数据加工流程及方式的不同而划分为多种不同类型，主要包括数据清理、模型训练、特征工程、图计算、模型自动上架、脚本任务、流处理、自动建模、自动特征提取等类型。

（4）任务流调度（Workflow）

任务用于管理业务场景中多个实验的触发逻辑和调度依赖，内置多种业务场景模板。通过模板引导，用户能迅速创建符合自身需求的业务实验。同时平台还提供对上线后的任务状态的监控功能。

（5）用户资产（Users' Asset）

平台用户资产包括服务市场、数据市场两大管理模块。拥有模型、应用、函数等服务的上架及上线全流程的服务市场，能够满足用户不断迭代服务版本的管理需求。同时，用户发布的服务支持通过服务市场进行共享协作。数据市场作为用户管理资产的工具之一，用于储存特征加工之后的有效数据。数据市场不仅支持共享数据的读写，同时支持定义和查询数据实体、关系及特征等功能。

（6）智能分析（Intelligent Analysis）

平台集成了大量面向行业领域的分析工具，包括知识图谱工具、实体画像工具、报表工具、视频分析工具等。针对用户资产，用户可依托平台工具对用户资产中的数据资产进行处理以解决各自场景下的应用难题。

（7）共享平台（Sharing Platform）

支持数据源、数据集、实验、代码以及模型等进行团队共享，支持团队协作，以便极大地提升整个团队的效率，减少大量重复劳动。

A.4　Sophon Edge 边缘计算

Sophon Edge 利用 Sophon Base 的模型加工和模型上线能力，将模型部署至边缘端，实现传统设备的智能化改造，解决了物与物的连接、物与人的连接、物与 AI 的连接以及物与云的连接（如图 A-4 所示）。

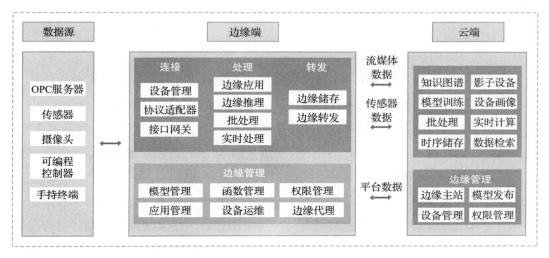

图 A-4 Sophon Edge 边缘计算框架图

- □ 物与物：传感器的融合技术，对多个传感器进行数据采集，通过融合不同维度的数据来提升环境感知能力；传感器与控制器的连接，将采集的数据在边缘端处理后直接作用于执行器，打造实时闭环响应系统。
- □ 物与人：一方面利用数字孪生技术，通过仪表盘查看设备的属性和采集的数据，也可以通过控制台直接修改设备的状态数据；另一方面可以通过语音识别、姿态检测等方式来完善和丰富人机交互方式。
- □ 物与 AI：传统设备因软硬件限制而无法达到智能升级的要求，Sophon Edge 通过利用在边缘侧部署 AI 服务的方式，帮助传统设备进行智能化升级。
- □ 物与云：Sophon Edge 可以将模型从云端推送到各个边缘端部署。通过云端对边缘端进行统一分发和管理可以有效降低运维成本。

A.5 Sophon EP 实体画像

Sophon EP 是一款面向全行业的标签管理及画像系统。基于该系统，用户可以实现基础数据到标签数据的快速加工，以及标签数据到画像展现的灵活定义。支持银行、证券、公安等多行业中常用的实体模板，实体覆盖基础数据结构、标签体系结构及画像展现模板。

主要功能点如下：

- 多实体多关系：Sophon EP 通过表与表的连接，建立实体模型。依赖实体模型创建标签、指标。同时根据属性，建立实体与实体之间的关系。
- 多模式标签创建：用户可以直接使用系统内提供的标签，也可以通过标签规则，生成满足业务需求的标签。当前支持 4 种标签规则：基础标签、组合标签、SQL 标签和智能标签。
- 自定义画像：自定义画像包含两部分：个体画像和群画像。个体画像可以通过导入内置行业模板，快速构建所需的标签画像系统，实现开箱即用。用户可以根据业务需求绑定不同的标签属性，标签支持用图形或者文本的样式来展现，文本、图形的样式支持自由切换，支持定义个性化画像仪表盘。群画像将满足相同特征（标签）的个体划分成一个群体。群画像与个体画像类似，都是以图表的样式来展现标签数据。群画像可展示个体在不同标签下的分布趋势图。

A.6　Sophon KG 知识图谱

Sophon KG 依托于 Sophon Base 基础平台，集知识的获取、融合、存储、计算以及应用为一体。支持拖曳式图谱构建、分布式图谱存储、分布式图谱计算以及交互式图谱分析等功能（如图 A-5 所示）。

知识图谱的应用价值

目前，除了通用的大规模知识图谱，各行业也在建立行业和领域的知识图谱。当前知识图谱的应用包括语义搜索、问答系统与聊天、大数据语义分析以及智能知识服务等，在智能客服、商业智能等真实场景中体现出了广泛的应用价值（如图 A-6 所示）。

Sophon KG
智能知识图谱组件
KG Explorer交互式图谱分析工具
KG Algorithm
分布式图算法
KG Schema Library
行业图谱模板库
KG Storage-StellarDB分布式图数据库
Transwarp Sophon Base
一站式人工智能分析平台

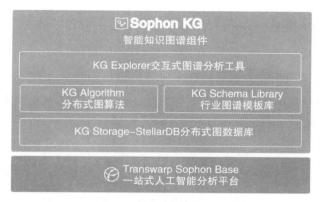

图 A-5　Sophon KG 知识图谱框架图

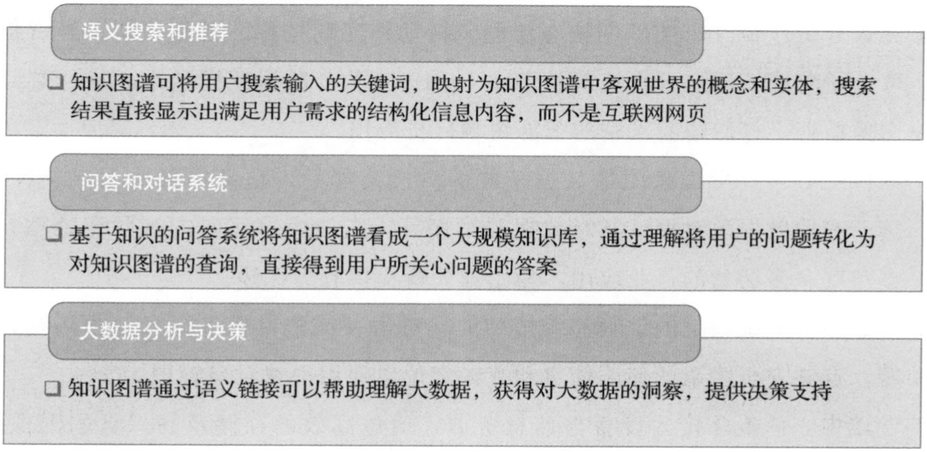
语义搜索和推荐
❑ 知识图谱可将用户搜索输入的关键词，映射为知识图谱中客观世界的概念和实体，搜索结果直接显示出满足用户需求的结构化信息内容，而不是互联网网页
问答和对话系统
❑ 基于知识的问答系统将知识图谱看成一个大规模知识库，通过理解将用户的问题转化为对知识图谱的查询，直接得到用户所关心问题的答案
大数据分析与决策
❑ 知识图谱通过语义链接可以帮助理解大数据，获得对大数据的洞察，提供决策支持

图 A-6　Sophon KG 知识图谱应用

核心功能点如下：

- ❑ 内置行业图谱模板，拖曳式快速构建图谱。
- ❑ 算法助力，找出图谱价值。
- ❑ 基于时间-空间的关联分析，锁定任意时空点关键信息。
- ❑ 支持版本对比，关注图谱的时间演进。
- ❑ 关联个体画像，将可视化展现做到极致。
- ❑ 智能语义检索。

A.7   Sophon CV 图像分析

Sophon CV 是一款基于人工智能的图像数据分析组件，支持各类视频图像数据接入，满足各类应用场景需求；同时还支持为业务部门提供定制化视频算法及优化，大幅提升业务部门对上层视频的深度应用能力。

主要功能点如下：

- 图像检索：支持以图搜图、人脸比对检索、图像内容搜索等形式，充分满足各类业务场景下基于图像的内容搜索需求。
- 图像分析：Sophon CV 的核心功能包括动作序列挖掘、模型预测、异常信息抽取等子功能。用户可直接对接 Sophon Base 平台数据建模结果，进行端到端的图像挖掘，打造精益求精的智能视频分析应用。
- 监控中心：负责视频图像数据来源的对接与展示，包括摄像头对接、NVR 对接、离线数据源对接、实时数据源对接等。支持大量实时的视频流处理，适应多角度、多场景的行业应用，为图像分析提供有力保障。
- 问题库：灵敏精确的识别和警报功能，对潜在威胁目标进行自动预测和即时告警。存储安全隐患的侦测信息和视频定位以便用户查看与管理。
- 管理中心：整合接入设备与信息资源，通过高效的存储及高保真的图像压缩，实现跨地区、跨部门的视频、图像、模型的高效共享。完善的监控资源连网调度，为实现可视化管理提供应用支撑。

A.8   Sophon NLP 自然语言处理

Sophon NLP 综合自然语言处理任务的方方面面：从文本爬取和标注，到文本清洗、语料库建设、语义理解、语言推理等，从而打造出丰富的工具与算子。不管是初接触 NLP 的用户，还是专业分析开发人员，均能体验到 Sophon NLP 一站式操作所带来的高效迭代开发等强大功能以及更加广泛的覆盖度。

主要功能点如下：

- **数据获取**：提供可配置分布式爬虫，以及已经积累得较多的针对多种场景和多种需求的知识库，作为现有知识直接供客户使用。除此以外，Sophon NLP 还包含标注平台用于实现实体标注、关系标注、属性标注和类别标注功能，并提供模型自动标注、标注审阅以及标注修改的服务。
- **数据处理**：包含灵活的数据清理算子和 ETL 工具，同时针对数据处理场景多变的特点，可以根据客户的需求手动编写脚本处理数据。针对输入的粗糙数据，Sophon NLP 提供新词发现和分词功能，以及 SOTA（Athenaate-of-the-art）的词意深度表示，同时囊括了词性标注等工具。
- **信息提取**：提供了命名实体识别、多种 SOTA 的词向量、句向量生成、主题模型、篇章理解、关系抽取等大量 NLP 算法模型以供应用。
- **信息应用**：在金融知识图谱、产业图谱、垂直领域标准文档的信息抽取和信息匹配、短信息中关注内容的实体抽取、智能问答、智能司法中法律文书语义识别和语义相似度的匹配、多模态数据的情报整编等诸多方面均有较多探索和方案，并为相似应用和场景提供了强大支撑。

A.9　Sophon Cloud 服务管理

Sophon Cloud 管理着模型生命周期的重要一环：模型上线管理，并且提供了模型镜像版本管理、模型线上监控及线下统计、横向扩容、滚动升级、A/B 测试等丰富功能。Sophon Cloud 通过提供完整的模型上线闭环，帮助用户更加便捷地对线上服务进行管理，实现模型价值。

主要功能点如下：

- **模型镜像版本管理**：使用容器技术管理模型版本，每个版本就是一个 Docker 镜像。通过这种方式，我们将模型文件和运行环境整合在一起，可以直接部署，减轻上线负担。

□ 线上监控及线下统计：提供丰富的线上监控指标，包括实时系统资源 CPU 和内存的统计、模型指标的计算。通过线上指标的监控，客户可以及时发现模型问题，并做出响应。同时 Sophon Cloud 将模型预测结果存储到 Transwarp 的存储产品中，进行离线统计，方便客户复盘历史记录。

□ 横向扩容：无状态模型管理，可以方便地进行横向扩容。该功能可以与线上监控功能相结合，当系统资源使用量达到阈值时进行自动扩容，省去手动扩容的烦琐工作。

□ 滚动升级：提供上线模型滚动升级的功能。在模型版本不断迭代的同时，保证客户业务系统不受影响。

□ A/B 测试：通常，客户需要对上线的不同版本的模型效果进行比较以决定使用哪个模型。Sophon Cloud 提供了灵活的 A/B 测试策略，客户可以制定自己的流量分配规则以确定如何进行测试，帮助客户快速决策。

A. 10　Sophon 算子列表

Sophon 算子列表和应用场景如下表所示：

算法名称	类别	简述	应用场景	特性	星环特有
线性判别分析	预处理	对输入的带标签数据进行降维，使类间方差大，类内方差小	应用于数据降维、图像识别相关的数据分析		是
ChiMerge	预处理	对输入数据做"相邻区间独立"的卡方假设，合并此假设下的低卡方值区间，直到满足确定的停止准则	多分类，处理类分布相似的区间	鲁棒性，易于实现	是
GBT 特征生成	预处理	针对输入数据，利用输入的梯度提升树模型将特征表示到高维稀疏空间中，以生成新的特征集			是
SMOTE	预处理	针对输入数据中样本少的类别数据，基于插值的过采样算法来构造新的样本	类不平衡问题，例如欺诈检测、风控识别等		是

（续）

算法名称	类别	简述	应用场景	特性	星环特有
替换缺失值	预处理	替换样本中的缺失值，只能替换数值型的数据			否
过滤	预处理	按指定方式对样本进行过滤			否
去重	预处理	根据选定的列，为数据排除重复项			否
字符串索引	预处理	将指定的属性的值映射成数字型索引，使得只能对数字型数据做处理的算子也可以对属性进行处理且并不改变样本	二分类的 label 有必要做字符串索引		否
切分字符串	预处理	按需求对输入的字符串进行切分			否
正则表达式提取	预处理	通过正则表达式提取子字符串			否
字符串首元素 ASCII 码	预处理	获取字符串首元素 ASCII 码			否
大小写变换	预处理	变换方法包括首字母大写、小写、大写			否
连接字符串	预处理	对输入的字符串进行连接，可设置连接方法，有 concat（合并）、sep（分隔）、format（设置格式）三种			否
解码	预处理	对输入进行解码操作，可解析多种字符集格式，包括 Base64、UTF-8、UTF-16、UTF-16BE、UTF-16LE、IS0-8859-1 和 US-ASCII			否
编码	预处理	对输入进行编码操作，输出可选择多种字符集格式，包括 Base64、UTF-8、UTF-16、UTF-16BE、UTF-16LE、IS0-8859-1 和 US-ASCII			否
格式化数字	预处理	将数字格式化后输出，并控制数字的位数、对齐、千位分隔符和其他细节			否
调整字符串格式	预处理	调整方法包括 pad、trim、repeat			否
字符串长度	预处理	返回字符串长度			否

（续）

算法名称	类别	简述	应用场景	特性	星环特有
编辑距离	预处理	给定 2 个字符串 a 和 b，编辑距离是将 a 转换为 b 的最少操作次数			否
定位子串	预处理				否
替换子串（replace substring）	预处理	将一列中符合模式串的字符串替换			否
字符串反转	预处理				否
语音编码（soundex）	预处理	返回 soundex 编码		soundex 是一种语音算法，利用英文读音计算近似值，值由四个字符构成，第一个字符为英文字母，后三个为数字。在拼音文字中有时会出现会念但不能拼出正确字的情形，可用 soundex 做类似模糊匹配的效果。例如 Knuth 和 Kant 两个字符串，它们的 soundex 值都是「K530」	否
截取字串（substring）	预处理	截取方法包括 by index 或者 by delimiter			否
替换字符（translate）	预处理	将指定列中指定的字符替换成对应字符			否
二值化	预处理	将数值特征转换为二值特征 0 或 1，在数据挖掘领域，二值化的目的是对定量的特征进行"是与否"的划分，以剔除冗余信息		大于阈值的特征会被置为 1.0，小于或等于阈值的则置为 0.0	否
特征尺度变换	预处理	对输入的特征进行诸如 log、abs、sqrt 等的尺度变换			否
列归一化	预处理	将原始数据缩放到需要的范围。原始数据经过数据归一化处理后，各指标处于同一数量级，适合进行综合对比评价			否
反正切函数	预处理	求输入数据的反正切函数			否

（续）

算法名称	类别	简述	应用场景	特性	星环特有
进制转换	预处理	进制转换利用符号来计数，由一组数码符号和两个基本因素"基数"与"位权"构成。基数是指进位计数制中所采用的数码（数制中用来表示"量"的符号）的个数；位权是指进位制中每一固定位置对应的单位值			否
角度弧度转换	预处理	角度转换：degree/radian 互转			否
阶乘	预处理	计算某列值的阶乘			否
取最值	预处理	计算已选定的几列值的最值			否
欧氏距离（hypot）	预处理	计算直角三角形斜边长			否
对数（log）	预处理	已知底数，求某列对数值			否
求正余数（pymod）	预处理	给出除数被除数列求正余数			否
幂运算（Pow）	预处理	定义多种幂运算			否
近似（round）	预处理	按需求对输入数据求近似值，可设置精度和方法			否
位移（shift）	预处理	二进制中的移位			否
求符号	预处理	返回指定 int 值的符号函数（如果指定值为负，则返回 -1；如果指定值为零，则返回 0；如果指定为正，则返回 1）			否
三角函数	预处理	对输入数据进行各种三角函数运算			否
提取日期元素	预处理	提取日期元素，包括年、月、日等信息。标准的日期列数据格式为 2018-09-11 18：27：28.616。当日期格式不是×年×月×日时，需要先使用时间格式转化算子			否
日期变更	预处理	对输入的日期进行变更，可设置变更方式，包括增加/减少 1 天，或增加/减少 1 月			否
当前时间	预处理				否
时间差	预处理				否

（续）

算法名称	类别	简述	应用场景	特性	星环特有
时间格式转换	预处理	与日期时间相关的转换，可以在各种时间类型和字符串之间进行转换			否
日期截尾	预处理				否
时区转换	预处理				否
时间窗	预处理	指定一定时间范围内的数据作为处理对象			否
设置角色	预处理	它可以用来改变输入样本集的属性的角色。下面列出可能的属性角色，用户可以用所需的名称定义自己的属性角色：①feature：样本集中的特征属性；②regular：只有普通属性才能用作学习任务的输入变量；③id：样本集中的id属性；④label：学习算法的目标属性；⑤prediction：预测属性，即一个学习方案的预测			是
重命名	预处理	对输入样本集的一个属性重命名			是
替换重命名	预处理	通过指定替换属性名称的一部分，比如空格、括号或者其他不必要的字符			是
设置领域	预处理	给选中的列设置领域。之前未设置领域的列会自动将其列名作为领域，之前已经设置过的则不会改动。注意，目前设置领域仅作为 FFM 的前期预处理算子，其设定的领域对应于 FFM 的 field，请不要将该算子用到其他不包括 FFM 的流程中	FFM 前期预处理		是
分位数离散化	预处理	分位数离散化算子输入一列连续特征，输出一列按照分位数分好箱（bin）的类别特征	对连续特征进行分桶，可用于离散特征算法上的预处理，例如频繁项		是

（续）

算法名称	类别	简述	应用场景	特性	星环特有
MDLP 分桶	预处理	MDLP 最早是由 Rissane 在研究通用编码时提出的，用来描述数据进行编码压缩以及解压数据所需模型的最短长度（最小描述长度），在本算法中作为区间分裂的指标	MDLP 的基本思想是，离散后输入变量对输出变量的解释能力变强，则这种离散是有用的，否则是没有意义的。它是利用信息增益最大化的方法寻找连续变量的最优切点，当切点确定后，将连续变量一分为二，分为两部分数据集，在这两部分数据集中用同样的方法循环切分，直到信息增益的值小于停止标准为止		是
特征分桶	预处理	该算子将一列连续特征转换成一列分桶后的特征，将一个特征（通常是连续特征）转换成多个二元特征（称为桶或箱），通常是根据值区间进行转换，即根据自定义分割点将连续变量离散化			否
高势集特征编码	预处理	对取值范围巨大的离散特征进行编码，映射到连续值域，此算法适用于邮编、电话、id 等在关系表中出现的时候。例如 customerID 和购买商品种类之间存在联系，每个客户会有自己的偏好，客户 id 就可以作为一种离散特征而识别，详见文献 [32]			是
选择属性	预处理	选择样本集合中哪些属性需要保留，哪些需要移除			是
笛卡儿积	预处理	笛卡儿乘积是指两个集合 X 和 Y 的笛卡儿积（Cartesian product），又称直积，表示为 $X \times Y$，第一个对象是 X 的成员而第二个对象是 Y 的所有可能有序对的其中一个成员			否

（续）

算法名称	类别	简述	应用场景	特性	星环特有
DCT	预处理	离散余弦变换（DCT）将一个长度为 N 的时间域实值序列转换为一个长度为 N 的频率域实值序列			否
行归一化	预处理	数据标准化处理，以解决数据指标之间的可比性。原始数据经过数据标准化处理后，各指标处于同一数量级，适合进行综合对比评价			否
主成分分析	预处理	主成分分析（PCA）算子将特征向量投影到低维空间，实现对特征向量的降维。只能对数据型并且角色为 regular 的属性做运算，输出通常为中间结果，需要作为其他算子的输入	常用降维方法，将特征投影到方差最大的方向上		否
奇异值分解	预处理	SVD 分解可以对数值型数据进行简化处理，通过奇异值将数据投影到低维空间。它只能对角色为 regular 的属性操作，并且输出通常为中间结果，需要作为其他算子的输入			是
特征哈希	预处理	一种简单的降维方法，目标是把原始的高维特征向量压缩成较低维特征向量，且尽量不损失原始特征的表达能力	降维方法，减少后续算子计算量		否
向量分解器	预处理	对选中的特征向量进行分解，将 Array 类型拆开	通常用于算子结果处理		是
线性判别分析	预处理	线性判别分析（LDA）是一种广泛应用于降维的算法。注意，列的数目应小于样本数，且小于 65 536			是
特征异常平滑	预处理	对选中特征列进行异常平滑处理。将输入特征中含有异常的数据平滑到一定区间，只是将异常取值的特征值修正成正常值，本身不过滤或删除任何记录，输入数据维度和条数都不变			是

（续）

算法名称	类别	简述	应用场景	特性	星环特有
XGBoost 特征生成	预处理	利用 XGBoost 生成新特征（特征在高维稀疏空间的表示）。在数据集上训练 XGBoost 模型，于是新的特征空间中每一个固定的特征索引都被分配到一个叶节点上，然后对所有的叶节点进行独热编码（将样本所在的叶节点设置为 1，其他特征设置为 0），于是数据就被转换到稀疏高维度的空间中	用于发现特征之间的组合关系，常与 LR 结合使用		是
one-hot 编码	预处理	类型转换算子，将一列映射为一个 0-1 向量，这个向量最多只有一个 1 值	将名义变量转变成数值型变量		否
生成 ID 列	预处理	为数据集生成一列 ID 属性，该属性是 double 类型，且互不相同	用于要求具有 ID 列的算子前的预处理		否
计算权重	预处理	计算属性的权重，权重计算输出列名说明：对于数据类型为 vector 的列，产生的权重计算名字为 VectorColName__index，VectorColName 是原向量列名，index 是元素在向量中的位置，从零开始	可以用于特征工程、特征选择		是
以权重选择	预处理	根据输入属性及其权重选择满足特定权重关系的属性			是
采样	预处理	对样本进行有放回采样、平衡采样等，可以重新分区	用于需要采样的算法流程		是
精确采样	预处理	精确采样样本集大小的采样			是
重新分区	预处理	对应 spark 的 repartition 功能，可以自定义分区数量。自动分区的情况，分区数等于 Executor 数量乘以每个 Executor 的 cores 数量			否
样本切分	预处理	随机将样本根据给定比例切分。实验样例请参考 splitData（随机切分）和 stratifiedSplitData（分层切分）	可用于数据集的训练和评估		是

（续）

算法名称	类别	简述	应用场景	特性	星环特有
数据类型转换	预处理	将指定列的数据类型转换为指定数据类型。特别注意：如果你的输入为非法值，则输出结果将会返回 null。例如在 String＝＞Double 中，67＝＞67，male＝＞null，null＝＞null	常用，协助不同算子之间的输入输出		是
SQL 转换	预处理	使用自定义的 SQL 语句来对输入数据进行转换。当前算子仅支持语句来对输入数据进行转换。当前算子仅支持"SELECT … FROM ＿ THIS ＿…"这样的语法。其中"＿ THIS ＿"表示输入数据集所代表的底层表，select 语法块指定字段、常量和表达式	常用，自定义 SQL 脚本		是
SQL 转换 V2	预处理	支持多输入的 SQL 编辑，输入表名以 ＿ t1 ＿，＿ t2 ＿，…表示	常用，方便将多表合并处理		是
证据权重/信息价值	预处理	WoE 的全称是 Weight of Evidence，即证据权重，是对原始自变量的一种编码形式；信息价值（IV）是一种可以用来衡量自变量的预测能力的指标。此算子计算属性的证据权重（WoE）值并进行变换。输入需要有 label 列并将连续变量离散化	常用于特征选择		
建立同构图	预处理	使用边、节点建立同构图			
COUNT	表操作	计数			否
Interactions	表操作				否
JOIN	表操作	JOIN 操作			否
SORT	表操作	根据一个或多个字段排序			否
SELECT	表操作	筛选字段			否
Difference set	表操作	求两个集合的差集			否
Top-K	表操作	前 K 个最大值			否
Transpose	表操作	转置操作			否
UNION	表操作				否
Aggregate	表操作	聚合操作			否
Cube	表操作	Cube 操作			否

（续）

算法名称	类别	简述	应用场景	特性	星环特有
GroupBy	表操作	聚合操作			否
Pivot	表操作	透视表			否
Rollup	表操作	Rollup 操作			否
逻辑回归	分类	对输入数据做线性回归，并向映射结果加入指定非线性函数（如 Sigmoid 函数）映射的处理，以实现回归或分类功能	二分类，可改进激活函数处理多分类问题，可应用于排序	解释性强，很少过拟合、训练速度快	否
SVM	分类	找一个分离面来对输入数据进行分类，同时使分类样本离分离面最远	二分类，可改进处理多分类问题，也可用于图片识别、文本分类等	可以完成非线性分类，分类效果好	否
多层感知器	分类	对输入数据进行多层变换得到分类结果，其中每一层是一个线性变换加非线性激活函数			否
朴素贝叶斯	分类	对输入数据做条件独立假设，分别计算预测项为各个类的条件概率，选取条件概率最大的类作为预测分类	多分类，可以用于垃圾邮件过滤、情感分析、文本分类等	易于实现、速度快、解释性强、可用于在线学习	否
KNN 分类器	分类	对于输入数据，若有一个样本需要确定类别，则找到其 k 个最邻近的样本，这些样本中的类别众数可作为此样本的类别	分类，推荐	准确度高、速度快、对 outlier 不敏感、解释性强	是
决策树	分类	针对输入数据，基于不同分支准则（gini 指数等）确定决策树实现分类	分类	可以很好地拟合非线性。解释性强，能够处理不相关特征	否
随机森林	分类	一种包含多个决策树的分类器，每个决策树只取部分样本集，由决策树输出类别众数决定最终输出类别	分类	可以处理大量特征的分类，训练速度快，可以实现并行。减少过拟合	否
梯度提升树	分类	基于决策树算法对输入数据进行多轮拟合，其中每一轮建立一棵决策树，后面每轮所建的树用于矫正前面决策树的误差	分类	精度高，能很好地处理非线性数据	否

（续）

算法名称	类别	简述	应用场景	特性	星环特有
XGBoost 分类	分类	先对输入数据进行排序，后进行多轮拟合，其中每一轮建立一棵决策树，后面每轮所建的树用于矫正前面决策树的误差。最后整合所有树来确定最终分类模型	分类	精度高、速度快，在特征处理时对数据排序并保存为 block 结构用于并行	否
模糊 C 均值	聚类	将输入数据分为 c 个模糊类，计算每个聚类的中心，使非相识性指标最小	聚类		是
K 均值	聚类	采用距离作为相似性评价指标，将所给的样本聚类到 k 个簇上。使簇内距离小，簇间距离大	聚类	原理简单、实现容易、速度快、解释性较强	否
高斯混合	聚类	将输入样本点聚簇为若干基于正态分布曲线形成的簇集	聚类		否
隐式狄利克雷分布	聚类	输入文档和词，基于狄利克雷分布找到每一篇文档的主题分布和每一个主题中词的分布	识别大规模文档集或语料库中隐藏的主题信息		否
二分 K 均值	聚类	采用距离作为相似性评价指标，将所给的样本聚类到 k 个簇上；使簇内距离小，簇间距离大；改进了初始质心的不确定性		算法更加稳定	否
概率潜在语义分析	聚类	针对文本隐含主题的建模方法。输入文本处理后的词向量，输出基于主题的聚类结果			是
Agglomerative 聚类	聚类	初始将数据集元素各成一类，根据指定的相似度计算方法做自底向上的层次聚类方法			
Canopy 聚类	聚类	基于给定两个距离参数，将所给的样本聚类	聚类方法	速度快，可用于 K-Means 之前的粗聚类	
XGBoost 回归	回归	先对输入数据进行排序，后进行多轮拟合，其中每一轮训练一棵决策树，后面每轮所建的树用于矫正前面决策树的误差，最后整合所有树来确定最终回归模型	用于回归问题的预测	精度高、速度快，在特征处理时对数据排序并保存为 block 结构用于并行	否

（续）

算法名称	类别	简述	应用场景	特性	星环特有
线性回归	回归	利用线性回归方程的最小二乘函数对一个或多个自变量和因变量之间的关系建模	用于回归 baseline 的预测，如经济预测等	实现简单、解释性强、速度快、储存资源低	否
决策树回归	回归	基于分支准则（最小平方误差等）确定树的建立，从而确定决策树以进行回归		可以很好地拟合非线性。解释性强，能够处理不相关特征	否
随机森林回归	回归	包含多个决策树的分类器，由决策树输出均值决定最终输出值		可以实现并行计算。很少过拟合	否
梯度提升树回归	回归	每一轮训练一棵决策树，后面每轮所建的树用于矫正前面决策树的误差，最终结合每棵树的输出作为输出值			否
广义线性回归	回归	提供了高斯分布、二项分布、泊松分布、gamma 分布的分布簇用来拟合输入数据			否
生存回归	回归	将线性回归模型建模方法引入生存分析领域，以生存时间的对数作为反应变量，研究多协变量与对数生存时间之间的回归关系			否
保序回归	回归	对给定有限实数集 Y 进行分段线性拟合			否
局部异常因子	异常检测	基于局部密度的异常检测算法，对于输入样本，若一个样本点周围的样本点平均密度比上该样本点所在位置的密度大于一，则可能异常	可用来在中等高维数据集上执行异常值检测		是
IForest	异常检测	基于随机森林的异常检测算法，假设循环用随机超平面切割给定的数据集，直到每个子空间只有一个数据点，那些很早就停到一个子空间内的点为异常点	适用于中低维的数据	线性时间复杂度和精确度高，可实现分布式计算	是
DoubleMAD	异常检测	基于数值序列中位数的异常点算法，以给定数值序列同其中位数偏差的绝对值的中位数标记数据中的异常点			

（续）

算法名称	类别	简述	应用场景	特性	星环特有
FPGrowth	关联规则	引入 FP Tree 数据结构以加快给定数据的挖掘过程，揭示项集间相连关系	可应用于市场营销、医学、金融、生物、电信、农业等领域。也可应用于消费市场分析、网络入侵检测、贫困生识别、指导通信运营商业务运营的决策制定、交通事故成因分析、基于兴趣的实时新闻推荐等	算法运行时间短	否
PrefixSpan	关联规则	利用给定数据的前缀挖掘出满足最小支持度的频繁序列		分布式计算	否
Apriori	关联规则	找出给定数据集中频繁出现的数据集合	挖掘数据关联规则，可用于超市购物、网购等优化仓库位置		是
自动建模	AutoAI	根据所给数据集特点，自动搜索最佳的模型和参数，可提供初始精度较高的模型			是
自动化数据探索	AutoAI	自动对给定的数据集进行预处理和探索，检测问题类型，生成适合自动建模的算子格式			
自动特征构建	AutoAI	根据给定数据中的原始特征和目标自动构建高阶组合特征			
自动多表特征构建	AutoAI	根据其他表中的关联信息，自动扩展目标表的特性			
自回归	时间序列分析	通过自身前面部分数据与后面部分数据之间的相关关系来建立回归方程，从而进行预测或者分析	股票市场涨跌预测及分析、超市的市场营业额预测及分析、房价涨跌预测及分析、员工离职预测及分析、产品销售量预测及分析、天气情况预测及分析等		是

（续）

算法名称	类别	简述	应用场景	特性	星环特有
ARIMA	时间序列分析	用数学模型描述预测给定数据随时间推移形成的数据序列	股票市场涨跌预测及分析、超市的市场营业额预测及分析、房价涨跌预测及分析、员工离职预测及分析、产品销售量预测及分析、天气情况预测及分析等		是
ARX	时间序列分析	考虑外生变量后通过自身前面部分数据与后面部分数据之间的相关关系来建立回归方程，从而进行预测或者分析			是
指数加权移动平均	时间序列分析	以指数式递减加权的移动平均处理输入序列数据，时间越靠近当前时刻的数据加权影响力越大			是
广义自回归条件异方差	时间序列分析	在自回归异方差模型基础上，考虑数据方差函数的 p 阶自回归性。可以有效拟合具有长期记忆性的异方差函数			是
自回归-广义自回归条件异方差	时间序列分析				是
三次指数平滑	时间序列分析	基于时间序列当前已有的数据来预测其在之后的走势，可以预测具有趋势和季节性的时间序列			是
基于商品的协同过滤	推荐系统	通过计算不同用户对不同物品的偏好来获得物品间的关系，输入数据中包含 user、item、rating 属性			是
基于用户的协同过滤	推荐系统	在输入数据中，某个用户需要推荐时。找到和他兴趣相似的群体 G，将 G 喜欢的商品推荐给 A，输入数据中包含 user、item、rating 属性	用于电商、音乐、新闻等的推荐		是
交替最小二乘法	推荐系统	通过交替最小二乘法实现对商品的推荐。输入数据中包含 user、item、rating 属性	用于电商、音乐、新闻等的推荐		否

（续）

算法名称	类别	简述	应用场景	特性	星环特有
因子分解机	推荐系统	基于矩阵分解算法对输入数据进行分类、回归	用于广告分类、电商、音乐、新闻等的推荐	算法复杂度线性，对于稀疏数据具有很好的学习能力	是
FFM	推荐系统	基于矩阵分解算法，同时引入了 field 的概念来对输入数据进行分类、回归	广告点击率预测和推荐系统中的分类算法	模型效果好，适合处理样本稀疏问题	是
简单平均	集成学习	输入分类器数组，平均各个学习器的输出来得到最终的结果	用于回归问题，综合各个学习期输出来提高最终结果		是
简单投票	集成学习	输入分类器数组，通过多数投票法来得到最终的结果	用于分类问题，综合各个学习期输出来提高最终结果		是
单变量方差分析	统计	对于单因素实验结果，只对输入的两列数组平均数进行比较分析，检验多个平均数之间的差异以确定因素对试验结果有无显著性影响	一种统计方法，统计单一变量对试验的影响		是
皮尔逊卡方检验	统计	检验输入的两组特征是否具有显著的独立性（或不显著的独立性）	确定两个变量是否互相独立		是
F 检验与 T 检验	统计	先查看两组数据方差是否有显著的方差差异，若有，则检验两组数据均值是否有显著差异	确定将样本统计结果推论至总体时犯错的概率		是
KS 正态性检验	统计	检验输入的数值型特征是否符合正态分布	检验一列数值型特征是否符合正态分布		
AndersonD 正态性检验	统计	检验输入的数值型特征是否符合正态分布			

（续）

算法名称	类别	简述	应用场景	特性	星环特有
Word2Vec	自然语言处理	根据输入的文本生成向量，作为文本的句子表征	推荐：在社交网络的推荐相似度；计算：计算相关文本或者实体的相似度模型；输入：作为 NLP 任务模型的输入；检索：同义词的检索	分布式：分布式 Spark 实现，支持分区	否
生成句向量	自然语言处理	根据输入的文本生成句向量，作为文本的句子表征	特征工程：用于文本的分类聚类	分布式：分布式 Spark 实现。适配性：可根据平台预训练的词向量或者用户自己训练的词向量生成句向量	否
TF	自然语言处理	将输入文本格式化并去除停用词处理，对清洗后的单词进行去重和词频统计	分类：文本分类	分布式 Spark 实现	否
TF-IDF	自然语言处理	对于输入文本，反应词在语料库的某文档中的重要性，重要程度以词出现频次表示	文本挖掘、信息检索		否
移除停用词	自然语言处理	移除文档中指定的词以节省存储空间、提高搜索效率			否
分词	自然语言处理	对输入文本进行单词切分，分割成一个个单词（可自定义去停用词）	基本所有 NLP 任务	精度高：添加自定义词典后分词的准确度高达 97% 以上，优于现有的开源分词项目	是
词频向量	自然语言处理	根据文本中每一个词出现的频度而得到词频向量			
新词发现	自然语言处理	根据输入文本，抽取文本中的新词，更新词典	微博、新闻热词发现	帮助用户进行词典的扩展，对词典进行管理	是

（续）

算法名称	类别	简述	应用场景	特性	星环特有
词性标注	自然语言处理	对文本进行分词，对分词后的每个单词进行词性标注	NLP 任务：句法分析、成分分析、命名实体识别	计算：算法精度高，对比 jieba 有 5% 的提升，同时支持分布式词性标注	是
自动摘要	自然语言处理	将输入文本转换成简短摘要的一种信息压缩技术	用于搜索：新闻标题生成、商品评论摘要、搜索结果片段、文献摘要等	多种文本摘要方法可选，适用于不同类型的任务	是
关键词抽取	自然语言处理	计算单词在文本中的重要性，按要求返回最重要 Top K 的词作为关键词	用于舆情分析：新闻、微博关键词；用于搜索：智能搜索	形式多样：多种展示方式，支持关键词为短语、词、短文本等多种形式	是
命名实体识别	自然语言处理	对输入文本中具有特定意义的实体进行识别和提取	对不同业务中关键信息的抽取，如：新闻领域的标题、人名、地名、事件等；电商领域的商品名称、型号、价格等	可增量更新优化：可根据不同的业务场景来定制实体识别模型，可根据用户使用反馈来提供增量训练和更新	是
向量相似度	自然语言处理	计算第二列向量中与第一列向量最相似的 k 个向量	用于计算相关文本或者实体的相似度		是
实体关系抽取	自然语言处理	对输入文本和指定实体进行实体间的关系分析，得到文本语义中指定实体的关系	可对不同实体之间的关系进行分析、判别、抽取	可增量更新优化：可根据用户需求自定义关系类别、模型增量更新	是
文本情感分析	自然语言处理	对输入文本进行情感分析，判断文本的情感方向，属于文本分类任务中的一种	用于分类：新闻情感分析、舆情情感分析、文本情感分析等	准确：针对特定领域的文本情感分类准确率高达 95% 以上	

（续）

算法名称	类别	简述	应用场景	特性	星环特有
节点网络排名（PageRank）	图计算	同时考虑将网页的入链和质量作为网页评价标准	用于搜索引擎		否
标签传播	图计算	标签传播算法	反洗钱、反欺诈；半监督学习		否
连通分量	图计算	连通分量计算	反洗钱、反欺诈；社区发现		否
强连通分量	图计算	强连通分量计算	反洗钱、反欺诈；可疑社区发现		否
三角形计数	图计算	三角形计算	图查询基础指标		否
最短路径	图计算	两实体最短路径计算	图查询基础指标		否
EGO-NET	图计算	EGO-NET 子图发现	反洗钱；可疑子图挖掘		是
Large-scale Information Network Embedding（LINE）	图计算-深度图	把一个大型网络中的节点根据其关系的疏密程度映射到向量空间中，使联系紧密的节点投射到相似的位置	边预测；推荐系统、（隐式）相似度计算、聚类；边分类；反欺诈、反洗钱	LINE 的分布式版本，支持 10 亿节点百亿边计算	是
Neighboring Affinity based Network（NATE）	图计算-深度图	是 LINE 的多视图（Multi-view）算法，可以把一个大型网络中的节点根据其关系的疏密程度映射到向量空间中，NATE 同时考虑了节点固有的属性，使联系（结构＋属性）紧密的节点投射到相似的位置	边预测；推荐系统、（隐式）相似度计算、聚类；边分类；反欺诈、反洗钱		是
创建同构图	图算法	通过输入边和点构造同构图			
SLPA 社区聚类	图计算	Speaker-Listener/标签传播算法	社区发现算法、可重叠社区发现	基于消息传播的社区发现算法	是
K-Core 算法	图算法	对于输入的图，输出其满足所有顶点度数都大于 K 的最大子图（K-Core/degeneracy）	反欺诈、反洗钱、营销、聚类、团伙发现、关键节点发现	高效的分布式 K-Core 算法；对于图可视化布局很重要	是

（续）

算法名称	类别	简述	应用场景	特性	星环特有
星状网络	图算法	衡量输入图节点邻居之间的连接状态，值越大邻居联系越紧密	星状网络监测、热点监测		是
Heavy Edge 探测	图算法	如果输入图的 EgoNet 存在权重很大的边，则 heavy edge 对应列的数值也会比较大	EgoNet 边离群值、异常值监测	基于特征根系统的异常检测算法	是
图中心性	图算法		Closeness centrality/Degree centrality/Betweenness centrality		
FraudRank	图算法	利用类 TrustRank 和 HITS 算法做风险的扩散和传播	自研风险在复杂关系网络的传播算法，可以处理加黑/白标签	高可解释性、高效、可自行指定黑白名单	是
BowTie 算法	图算法	在图中的每个点上，对入度、出度上的目标属性进行累加，并将结果添加到顶点属性中	用来探测蝴蝶型、领结型图结构。寻找中间人		是
motif 模式查找	图算法	针对简单的自定义图结构进行查找	关系网络数据自定义图结构查找	自定义结构查询	否
人工神经网络	深度学习	可以通过添加神经网络层结构来定义一个神经网络流程			
图像分类	CV	基于图像特征实现对该图像内容分类的工作	针对特定场景的分析	实现实时预测	
目标检测（行人/人脸）	CV	基于目标几何和统计特征的图像分割，它将目标的分割和识别合二为一，定位目标，确定目标位置及大小	监控场景及定制化预测场景	高效：实现实时的场景监控	
目标检测（车辆）	CV	基于目标几何和统计特征的图像分割，它将目标的分割和识别合二为一，定位目标，确定目标位置及大小	交通及车辆监控场景	高效：实现实时的场景监控	
目标检测（文本）	CV	基于目标几何和统计特征的图像分割，它将目标的分割和识别合二为一，定位目标，确定目标位置及大小	自然场景文本定位；图片中的文本定位	对图片中水平、倾斜、弯曲字符定位；灵活应用于多类场景	

（续）

算法名称	类别	简述	应用场景	特性	星环特有
人脸识别	CV	提取人脸特征，完成人脸比对	公共场所人员监控场景，技侦场景	基于大规模亚洲人脸的训练调优	是
字符识别	CV	对英文字符、中文字符、标点符号的识别	票据、文档、合同分析等		
目标跟踪	CV	针对同一目标在连续视频中的跟踪及轨迹分析	视频监控场景		
对抗生成网络	CV	生成模拟真实图片，风格迁移	数据集扩充		

参 考 文 献

［ 1 ］ AGRESTI A,KATERI M. Categorical data analysis[M]. Berlin: Springer, 2011.

［ 2 ］ BERKHIN P. A survey on pagerank computing[J]. Internet Mathematics, 2005, 2(1): 73-120.

［ 3 ］ BONDELL H D and REICH B J. Simultaneous regression shrinkage, variable selection, and supervised clustering of predictors with oscar[J]. Biometrics, 2008, 64(1): 115-123.

［ 4 ］ BONDY J A, MURTY U S R, et al. Graph theory with applications, volume 290 [J]. Citeseer, 1976.

［ 5 ］ BOYD S and VANDENBERGHE L. Convex optimization[M]. Cambridge university press, 2004.

［ 6 ］ BREIMAN L. Classification and regression trees[M]. Routledge, 2017.

［ 7 ］ BUEHLMANN P. Boosting for high-dimensional linear models[J]. The Annals of Statistics, 2006:559-583.

［ 8 ］ CANDES E and TAO T. The dantzig selector: Statistical estimation when p is much larger than n[J]. The Annals of Statistics, 2007:2313-2351.

［ 9 ］ CHEN T and GUESTRIN C. Xgboost: A scalable tree boosting system[C]. In Proceedings of the 22nd acm sigkdd international conference on knowledge discovery and data mining, ACM, 2016:785-794.

［10］ CHEN W,WANG Z, and ZHOU J. Large-scale l-bfgs using mapreduce[Z]. In Advances in Neural Information Processing Systems,2014:1332-1340.

［11］ COX D R. Regression models and life tables[J]. JR stat soc B, 1972, 34(2): 187-220.

［12］ COX D R and OAKES D. Analysis of survival data, volume 21[M]. CRC Press, 1984.

［13］ DEVLIN J, CHANG M W, LEE K, and TOUTANOVA K. Bert: Pre-training of deep bidirectional transformers for language understanding[Z]. arXiv preprint arXiv: 1810. 04805, 2018.

［14］ FAN J and LI R. Variable selection via nonconcave penalized likelihood and its oracle properties[J]. Journal of the American Statistical Association, 2001, 96(456): 1348-1360.

［15］ FRANK L E and FRIEDMAN J H. A statistical view of some chemometrics regression tools[J]. Technometrics, 1993, 35(2): 109-135.

［16］ FRIEDMAN J, HASTIE T, and TIBSHIRANI R. The elements of statistical learning, volume 1 [M]. Springer series in statistics Springer, Berlin, 2001.

[17] FRIEDMAN J, HASTIE T, and TIBSHIRANI R. Applications of the lasso and grouped lasso to the estimation of sparse graphical models[R]. Technical report, Stanford University, 2010.

[18] GENTLE J E. Computational statistics, volume 308[M]. Berlin: Springer, 2009.

[19] GIRSHICK R. Fast R-CNN[C]. In Proceedings of the IEEE international conference on computer vision,2015:1440-1448.

[20] GOLOVIN D, SOLNIK B, MOITRA S, KOCHANSKI G, KARRO J, and SCULLEY D. Google vizier: A service for black-box optimization[C]. In Proceedings of the 23rd ACM SIGKDD International Conference on Knowledge Discovery and Data Mining, ACM, 2017:1487-1495.

[21] GOYAL P and FERRARA E. Graph embedding techniques, applications, and performance: A survey[J]. Knowledge-Based Systems, 2018, 151: 78-94.

[22] GéRON A. Hands-on machine learning with Scikit-Learn and TensorFlow: concepts, tools, and techniques to build intelligent systems[M]. O'Reilly Media, Inc. , 2017.

[23] W D H. Stacked generalization[J]. Neural Networks, 1992(5):241-259.

[24] HANLEY J A and BARBARA J M. The meaning and use of the area under a receiver operating characteristic (ROC) curve[J]. 1982:29-36.

[25] HAVELIWALA T H. Topic-sensitive pagerank[C]. In Proceedings of the 11th international conference on World Wide Web, ACM, 2002:517-526.

[26] JUAN Y, ZHUANG Y, CHIN W S, and LIN C J. Field-aware factorization machines for ctr prediction[C]. In Proceedings of the 10th ACM Conference on Recommender Systems, ACM, 2016:43-50.

[27] JURAFSKY D. Speech and language processing[M]. Pearson Education India, 2000.

[28] KALBFLEISCH J D and PRENTICE R L. The statistical analysis of failure time data, volume 360[M]. John Wiley & Sons, 2011.

[29] KAMATH P, SINGH A, and DUTTA D. AMLA: An AutoML framework for Neural Network Design[C]. In AutoML Workshop at ICML 2018, July 2018.

[30] KANTER J M and VEERAMACHANENI K. Deep feature synthesis: Towards automating data science endeavors[C]. In 2015 IEEE International Conference on Data Science and Advanced Analytics (DSAA), IEEE, 2015:1-10.

[31] B L Bagging predictors[J]. 1996:123-140.

[32] MICCI-BARRECA D. A preprocessing scheme for high-cardinality categorical attributes in classi-

fication and prediction problems[J]. ACM SIGKDD Explorations Newsletter, 2001, 3(1): 27-32.

[33]   Microsoft. An open source automl toolkit for neural architecture search and hyperparameter tuning[Z/OL]. [2019-07-04]. https://github. com/Microsoft/nni.

[34]   MIKOLOV T, SUTSKEVER I, CHEN K, CORRADO G S, and DEAN J. Distributed representations of words and phrases and their compositionality[Z]. In Advances in neural information processing systems, 2013:3111-3119.

[35]   NG A Y and JORDAN M I. On discriminative vs. generative classifiers: A comparison of logistic regression and naive bayes[Z]. In Advances in neural information processing systems, 2002:841-848.

[36]   NVIDIA. Machine learning autotuner and network optimizer[Z/OL]. [2019-07-04]. https://github. com/NVIDIA/Milano.

[37]   PETERS M E, NEUMANN M, IYYER M, GARDNER M, CLARK C, LEE K, and ZETTLEMOYER L. Deep contextualized word representations [Z]. arXiv preprint arXiv: 1802. 05365, 2018.

[38]   RADFORD A, WU J, CHILD R, LUAN D, AMODEI D, and SUTSKEVER I. Language models are unsupervised multitask learners[J]. 2019.

[39]   REDMON J, DIVVALA S, GIRSHICK R, and FARHADI A. You only look once: Unified, real-time object detection[C]. In Proceedings of the IEEE conference on computer vision and pattern recognition, 2016:779-788.

[40]   RENDLE S. Factorization machines with libfm[J]. ACM Transactions on Intelligent Systems and Technology (TIST), 2012, 3(3): 57.

[41]   salesforce. Transmogrifai[Z/OL]. [2019-07-04]. https://github. com/salesforce/TransmogrifAI.

[42]   TANG J, QU M, WANG M, ZHANG M, YAN J, and MEI Q. Line: Largescale information network embedding[C]. In Proceedings of the 24th international conference on world wide web, pages 1067-1077. International World Wide Web Conferences Steering Committee, 2015.

[43]   TG D. Ensemble methods in machine learning[C]. International work-shop on multiple classifier systems, Springer, Berlin, Heidelberg, 2000:1-15.

[44]   TIBSHIRANI R. Regression shrinkage and selection via the lasso[J]. Journal of the Royal Statistical Society. Series B (Methodological), 1996:267-288.

[45] Transwarp. 深入机器学习系列 17-BFGS 与 l-BFGS[Z/OL]. (2017-09-26)[2019-07-04]. https://zhuanlan. zhihu. com/p/29672873.

[46] WEI L J. The accelerated failure time model: a useful alternative to the cox regression model in survival analysis[J]. Statistics in medicine, 1992, 11(14-15): 1871-1879.

[47] YANG Y. Novel computational methods for censored data and regression[J]. 2017.

[48] ZHANG C H et al. Nearly unbiased variable selection under minimax concave penalty[J]. The Annals of Statistics, 2010, 38(2): 894-942.

[49] ZHANG Z, CUI P, and ZHU W. Deep learning on graphs: A survey[Z]. arXiv preprint arXiv: 1812. 04202, 2018.

[50] ZHOU J, CUI G, ZHANG Z, YANG C, LIU Z, and SUN M. Graph neural networks: A review of methods and applications[Z]. arXiv preprint arXiv: 1812. 08434, 2018.

[51] ZHOU M. Empirical likelihood method in survival analysis[M]. Chapman and Hall/CRC, 2015.

[52] ZOU H. The adaptive lasso and its oracle properties[J]. Journal of the American statistical association, 2006, 101(476): 1418-1429.

[53] ZOU H and HASTIE T. Regularization and variable selection via the elastic net[J]. Journal of the Royal Statistical Society: Series B (Statistical Methodology), 2005, 67(2): 301-320.

[54] 周志华. 机器学习[M]. 北京: 清华大学出版社, 2016.

[55] 李航. 统计学习方法[M]. 北京: 清华大学出版社, 2012.

推 荐 阅 读

推荐阅读

推荐阅读